从统计世界走向人工智能

——实战案例与算法

陆培丽　著

科学出版社

北京

内 容 简 介

本书叙述了从数学到统计、从统计到人工智能的发展，结合大量的实际商业应用案例介绍了诸多经典的机器学习算法，比如 LASSO 回归、MCMC、决策树、随机森林和神经网络等。本书将案例与算法结合，基于人工智能的场景，从理论到实际操作层层递进，读者从中可以学习从需求到分析，再到结论的实际编程方法。当读者阅读完本书后，不仅可以了解实际问题的需求，而且可以学习到解决问题的算法。

本书适合作为统计学、应用统计、人工智能、大数据、金融、经济与管理等专业大学生的教学用书，开拓他们不同维度的学习思路，以及在理论学习中灵活应用人工智能模型的知识与 Python 的能力。金融从业人员可以通过阅读本书免去烦琐的数据整理等工作，提高工作效率，包括在财报分析、银行信用画像以及投资等领域。

图书在版编目（CIP）数据

从统计世界走向人工智能：实战案例与算法/陆培丽著. —北京：科学出版社, 2020. 3

ISBN 978-7-03-063624-9

Ⅰ. ①从… Ⅱ. ①陆… Ⅲ. ①人工智能-算法-研究 Ⅳ. ①TP18

中国版本图书馆 CIP 数据核字（2019）第 273877 号

责任编辑：李静科 郭学雯／责任校对：彭珍珍
责任印制：吴兆东／封面设计：无极书装

科学出版社 出版
北京东黄城根北街 16 号
邮政编码：100717
http://www.sciencep.com

北京九州迅驰传媒文化有限公司 印刷

科学出版社发行 各地新华书店经销

*

2020 年 3 月第 一 版 开本：720 × 1000 B5
2020 年12月第二次印刷 印张：10 3/4 插页：3
字数：207 000

定价：68.00 元

(如有印装质量问题，我社负责调换)

序

如同蒸汽时代的蒸汽机、电气时代的发电机、信息时代的计算机和互联网一样，人工智能正成为推动人类进入智能时代的决定性力量。当前，新一轮科技革命和产业变革正在萌发，大数据的形成、理论算法的革新、计算能力的提升及网络设施的演进驱动人工智能发展进入新阶段，智能化成为技术和产业发展的重要方向。人工智能具有显著的溢出效应，将进一步带动其他技术的进步，推动战略性新兴产业总体突破，正在成为推进供给侧结构性改革的新动能、振兴实体经济的新机遇、建设制造强国和网络强国的新引擎。错失一个机遇，就有可能错过一整个时代。

2017 年 7 月，国务院印发并实施《新一代人工智能发展规划》，标志着将人工智能提升到了国家发展战略层面。同年 11 月，上海市政府制订并发布了《关于本市推动新一代人工智能发展的实施意见》，以便更好地对接国家重大战略，牢牢把握、充分发挥上海在人工智能发展上的优势。该意见聚焦应用驱动、科技引领、产业协同、生态培育，全面实施智能上海 (AI@SH) 行动，计划于 2020 年基本建成国家人工智能发展高地。

在人工智能产业蒸蒸日上的发展之时，我收到了《从统计世界走向人工智能 —— 实战案例与算法》的书稿。陆培丽是上海交通大学数学科学学院的优秀校友，曾经受邀在上海交通大学数学科学学院建院 90 周年纪念大会上做主题演讲。她将自己在量化金融领域将近 20 年的积累与理解，同人工智能的算法与应用相结合，汇聚成了本书的一个个生动的案例，助推了金融科技的发展。这些案例都是她和她的研究团队在商业领域的实战经历，是人工智能产业化、市场化、商业化的生动写照。该书从数学讲述到统计，再从统计到人工智能的发展，结合大量的实际的应用案例，其中包括能源价格预测、财务分析、生物科技案例、银行证券金融、医学等背景领域，介绍了诸多经典的机器学习算法如何解决这些领域的问题，从易到难，逐步深入。该书出发点即为了将高校学生在课堂中学习的理论知识应用于具有商业模式背景的课题，适合作为统计学专业、应用统计专业、人工智能专业、大数据专业、金融专业、管理专业与经济专业大学生的教学用书，开拓他们不同维度的学习思路，并培养他们在理论学习中灵活应用人工智能模型的知识与编程的能力。人工智能、机器学习方向的学者，可以通过该书了解到商业模式，更明晰地了解如何将自己的理论研究成果应用于实践中。金融和实体业的应用者，通过该书可以学习到相关的人工智能技术实战程序操作方法，因此该书可以为金融机构和实体企业提供方法论和初步的解决方案。

该书对于大学生来说，是他们了解人工智能领域的敲门砖，为他们在人工智能领域的研究，以及未来就业的选择，都提供了有力的指导。任何领域的发展都离不开青年才俊的贡献，陆培丽和她的研究团队在该书中展现出的严谨的学术态度和产学结合的创新精神，着实令我欣慰。相信在他们的努力与奋斗之下，中国的人工智能产业会越来越好。

我们也相信，该书不仅仅适用于关注人工智能领域发展的各界人士，也将为大家打开人工智能在金融业和其他企业实战运用的大门，引领更多有识之士加入到人工智能的时代浪潮当中来。长风破浪会有时，直挂云帆济沧海。我们拭目以待。

毛军发
中国科学院院士、上海交通大学人工智能研究院院长

前　言

20 年前，我进入了上海交通大学数学系，在懵懂中选择了数学专业。大数据、神经网络与建模等名词是我在大学时就已经听到的。从那时候在讨论班上有几个研究生做数学理论的推导，到现在每个人都知道的人工智能，这个积累过程，我们走了 20 年。

我的工作生涯一直在金融投资领域，并且绝大多数时间和数学、量化、程序化交易相关。我的第一份工作是在高盛，部门就叫作 program trading，隶属高盛东京。这份工作一干就是十几年。我工作生涯最初是从和程序化交易打交道开始的；除此之外，我的工作也包括长期看盘投资和研究金融领域的二级市场。在我的职业生涯中，除了金融，数学和统计占了很重要的一部分。

目前，我主要致力于金融量化的投资领域，并且发展了金融和科技交叉领域。从我的工作中，我越来越感受到科技在金融中发挥的力量，尤其是人工智能在金融研究和投资领域发挥出的神奇力量。复杂的深度算法超越了一般的统计计量方法，在大数据的领域发挥了无可替代的作用。

我能有今天的成就，不只是自己的努力和坚持，更要感谢家人一直以来对我的支持、所有一起共事过的合伙人对我的帮助、老师对我的精心栽培。感谢我的导师叶中行教授一路以来对我的学习和工作的指导。感谢上海交通大学研究生院王亚光老师从当年学习上对我的指导到如今工作上的指导。感谢在本书出版过程中上海交通大学数学科学学院的老师和领导在各方面的大力支持，让我感受到上海交通大学数学科学学院几十年如一日对院友的支持。感谢在读或者已经在各个工作岗位上我带过的学生。如果没有研究小组成员的共同努力，本书是不可能完成的。这些成员是我见过的最优秀的学生，他们以极大的热情投入到研究实践中。他们孜孜不倦，在某些项目上花费了很多的时间。他们仿佛站在我的背后，让我感觉责任重大，激励我更加努力，快速进步。

希望我们研究团队的成员十年后再回顾他们的这个起点和这十年的职业生涯时，每个人都能感受到所取得的长足进步。我希望这本书能让更多的学生看到人工智能和商业背景结合的案例，并为他们的职业生涯起步奠定良好的基础。这里是我们研究团队的名单 (按姓氏拼音排序)：曹晓芳、郭强、金衍瑞、刘彬鑫、刘逊知、马海乾、秦浩洋、沈嘉琪、孙晓军、涂一辉、王琰驹、王奕能、杨佳敏、易超、周游、左文婷。

曹晓芳，她的数学功底超群，现为上海交通大学数学科学学院统计系二年级研究生，她总会把数学转化成直观的语言，令团队成员受益匪浅。郭强，拥有理科生的身份，却有着胜于文科生的文笔和口才，极具才华。金衍瑞，我们团队的博士，他踏实、认真、自律，虽然内敛，但骨子里充满了冲劲，并在非结构化数据领域带给团队拓展性思路。刘彬鑫是我们团队最风趣幽默的小伙子，他主修化学，但是也在编程和人工智能的技术上得到了提高。刘逊知，我认识他的时候，他还是化学系本科三年级学生，他主动参加了由上海交通大学数学科学学院统计系教授们和我一起组织的金融实战讨论班，他对金融科技充满热情，在他身上我看到了年轻人的冲劲和热情。马海乾，对研究的领域刻苦钻研，善于分析与解决研究过程中产生的问题。秦浩洋，复旦大学数学科学学院硕士，他不仅在人工智能领域有深入的研究，同样能将研究成果清晰地表达、展现出来，综合能力强。沈嘉琪，学生工作的积极参与者，协调组织能力极强，擅于思考。孙晓军，在一家全球著名的互联网金融公司就业，他的贡献在神经网络的图像识别方面。涂一辉，上海交通大学"致远荣誉计划"数学博士，他不仅学业出色，而且工作能力极佳，他自发组织了学校范围内的机器学习讨论班，至今已坚持两年，我相信这种坚持的精神会伴随他一路的成功。王琰驹，将多年在统计专业的学习应用到人工智能领域的研究中，想法独特。王奕能，经管专业的学生，设计领域是他的专长。杨佳敏，思维敏捷、执行力强，对研究内容追求极致。易超，研究团队中唯一当过兵的人，具备坚毅的素质和说到做到的精神。周游，用支持向量机做了高频领域的研究。左文婷，毕业于上海交通大学数学科学学院，擅于用量化分析手段解决金融科技领域的问题。

本书的研究团队虽然是年轻的，但是具有极高的素质。在本书即将完成时，我们团队的所有研究人员来到了历届互联网大会召开的圣地 —— 乌镇，开展团建。我也希望研究团队里的每个人能够借此机会结合自己的理想和兴趣，树立远大的目标，将来能够在以数据算法为特点的人工智能金融分析及企业分析领域崭露头角，为中国金融科技领域的革新做出自己的贡献。

本书的初衷来自于大学教学案例和大学生理论联系实际的迫切需求。与众多市面上的人工智能的书籍不同，本书的特点是把案例与算法结合在一起。从案例引入到提出、解决问题的人工智能算法，由浅入深地介绍了算法，再从总结算法到提出衍生应用，形成了本书的独特风格。通过阅读本书，读者不仅能够看到人工智能场景，还可以学习从需求到分析再到结论的实际编程方法。本书的另一大特点就是从大学生必修的数学课 —— 统计分析 (最简单的回归分析) 一直到深度学习的算法，深入浅出地带读者领略大学的必修课程是如何作为基础在实际问题中发挥作用的。

我们撰写本书的目的是给大学生提供必要的教育、培训与支持，帮助大学生从普通的统计分析衍生学习人工智能的案例，从实战的角度为学生展示人工智能给商业、企业带来的变化，并且鼓励大学生用自己所能掌握的基本科学知识来解决各个领域的实际问题，把课堂上学习的数学统计知识和人工智能实践联系起来，为踏上职业生涯做好准备，同时也在实战项目的学习中不断地探索自己的兴趣，为未来的职业规划做好充分的准备。

本书作为大学生的实战案例课程，从最简单的案例出发，一步一步引导学生进行研究开发，调整参数，并最终得到准确率较高的结果。其中所有的案例分析均是基于课堂上案例分析的成果。

本书是受上海交通大学研究生院院长王亚光教授委托，上海交通大学数学科学学院统计系主任韩东教授支持，在大家的鼓励和支持下完成的。作为上海交通大学的业界导师，我觉得为更多的愿意努力的学生提供职业前景分析，并带领他们走向更加光明的前程是我责无旁贷的使命。饮水思源，爱国荣校，我愿意在这条路上践行校训！

书中不妥之处在所难免，恳请读者批评指正。

陆培丽

2019 年 6 月于上海

目　　录

第 1 章 数学 → 统计 → 人工智能

1.1 数学与统计

数学知识和数学家就好像浩瀚夜空中的繁星，璀璨夺目，光彩熠熠。数学源自于古希腊语，是研究数量、结构、变化以及空间模型等概念的一门学科。通过抽象化和逻辑推理的使用，数学在计数、计算、量度和对物体形状及运动的观察中产生。数学的基本要素是：逻辑和直观、分析和推理、共性和个性。古希腊数学家欧几里得用公理方法建立起一套完整的数学体系，这在数学的发展历史上有着里程碑式的意义，其中的理性思辨和严谨逻辑对于几何学、数学和科学的未来发展都有极大的影响。数学相关专业的同学对吉米多维奇那本著名的《数学分析习题集》应该都不陌生。

统计学与数学有着某种有趣而奇特的关系。统计学是应用数学的一个分支，主要通过概率论建立数学模型，收集所观察系统的数据，进行量化分析、总结，做出推断和预测，为相关决策提供依据和参考。它被广泛应用在各门学科，从物理和社会科学到人文科学，甚至被用在工商业及政府的情报决策上。从伯努利到贝叶斯，一代代科学家都在不断拓宽统计的领域。

随着数字化的进程不断加快，人们越来越多地希望能够从大量的数据中总结出一些经验规律从而为后面的决策提供一些依据。统计学不仅仅是对数据的统计，而且包含了调查、收集、分析、预测等。应用的范围十分广泛。统计数据包含不确定性，但这不意味着我们要忽略错误。每一个估计值都有一个置信区间，在 95%的时间内可以预期它是正确的，但我们永远不可能 100%地确定任何东西。但只要有足够多的数据，正确的模型就可以从噪声中分离出信号。这使得统计学在处理有许多未知的混杂因素的事物 (如模拟社会学现象或任何涉及人类决策的事物) 时成为一个强有力的工具。

1.2 数据与统计

1.2.1 动态的数据

我们通常把大数据和人工智能连接在一起讨论。现在的数据已经不是我们以往所认为的静态数据，而是动态的数据。思考数据的全新方式就是把数据想象成一条“端到端”的供应链。数据的处理应该是获得、清洗、整合、策划和存储的动态过程。

人工智能需要数据，同时要在反馈中训练数据；不断地发展和吸收实时数据的算法才能同时提高数据的数量和质量。要实现互动，就必须让数据和我们的工作生活无缝衔接，这就需要数据在线，实时记录，不断更新数据，从新生的数据中不停地归纳演绎。并且，所采集的数据在实际业务中可以被随时应用，驱动下一个算法或者策略的产生。

数据最好是由互不相干的、易于访问的数据组成。例如，要识别社交网站的情绪走向，需要根据天气、购物者的特征、新闻事件甚至几乎任何可以想象得到的新数据维度来进行数据的追踪。数据可以是由数据服务提供商提供的数据或是任何人以免费方式获取的开源性数据。

提升数据的处理速度是因为数据有时效性，我们需要对整个数据处理链条给予加速处理。低频的数据，可能对于及时决策的权重比较低，被存储在较远的服务器上，而高频的数据是我们优先考虑的对象。这些数据由于被访问的频率高，被存储在高性能的系统中以便快速检索。

在用人工智能处理数据的过程中，如果我们提高人工智能的效用，简化数据访问的流程，利用好未使用但是可能有用的数据，那么如何挖掘一切有价值的“沉默数据”会是一个需要长期研究且极具价值的课题。

1.2.2　非结构化的数据

目前新的研究前沿是我们所使用到的非结构化信息，而信息的组成，10%来自结构化的数据，而 90%来自互联网中的非结构化数据，以文本为主。非结构化的数据分析对于我们来说是最前沿的研究。把这些非结构化的数据抽象出来，变成我们能够用的数据信息，关键在于构建以知识为节点的自动分析平台。

十年前，企业数据存储以百万兆字节为单位，这在当时被视为大的飞跃。而今，大数据远远超出了传统的结构化数据，包括了各种非结构化数据 —— 文本、音频、视频等。十年前我们得到的是已知的和准确的结构化数据，今日，我们得到的大量数据的来源是未知和不可靠的。

非结构化数据举例，该案例来自于本公司的实际金融科技项目研究之一。这是我们从公司财务报表中的财务附注信息中提取出来的重要文字结构。重要文字结构的算法基础来源于深度学习的算法，这里只论述非结构化数据。我们得到了重要的文本信息后，再从相应的财务附注的文本信息中提取到结构化数据，见图 1.1。

Keyword	Year	Code	sheet	i	j	Data	rol_head1	rol_head2	col_head1	col_head2	col_head3
应付账款	2016	002386	74	0	0	项目					
应付账款	2016	002386	74	0	1	期末余额					
应付账款	2016	002386	74	0	2	期初余额					
应付账款	2016	002386	74	1	0	流动资产:					
应付账款	2016	002386	74	1	1		期末余额		流动资产:		
应付账款	2016	002386	74	1	2		期初余额		流动资产:		
应付账款	2016	002386	74	2	0	货币资金					
应付账款	2016	002386	74	2	1	2,417,390,	期末余额		货币资金		
应付账款	2016	002386	74	2	2	1,422,717,	期初余额		货币资金		
应付账款	2016	002386	74	3	0	结算备付金					
应付账款	2016	002386	74	3	1		期末余额		结算备付金		
应付账款	2016	002386	74	3	2		期初余额		结算备付金		
应付账款	2016	002386	74	4	0	拆出资金					
应付账款	2016	002386	74	4	1		期末余额		拆出资金		
应付账款	2016	002386	74	4	2		期初余额		拆出资金		
应付账款	2016	002386	74	5	0	以公允价值计量且其变动计入当期损益的金融资产					
应付账款	2016	002386	74	5	1	6,145,470.	期末余额		以公允价值计量且其变动计入当期损益的金融资产		
应付账款	2016	002386	74	5	2		期初余额		以公允价值计量且其变动计入当期损益的金融资产		

图 1.1 非结构化数据处理展示图

1.2.3 商业场景的数据初始化

所谓数据初始化，不仅包括分析对象，例如，客户的经营数据、财务数据，还有更多维度的数据的记录、分析和融入，构成对分析对象全方位的描述。上述的结构化数据和非结构化数据的数据初始化就不是一个简单的课题，而是一个高成本和困难的事情。我们不仅需要数字被数据化，还需要文字信息被数据化，地理方位被数据化，图片被数据化，情绪指标被数据化。举例，最简单的分析对象，客户年龄数据就包含几十套标准，包括身份证上登记的年龄、实际经营者的年龄、心理分析出的年龄等。这些数据各有价值，但传统的方法难以对它们进行融合分析，而用某些深度学习方法就可以分析出比较有用的结果。

同时，数据初始化是一件非常重要，且能产生高收益的事情。它能把我们所看到的事物从现象变为可量化的形式，这是我们做任何分析的前提之一。从数据的初始化开始，再到数据的存储、提取、分析、反馈、输出、再反馈、表达，此过程中，数据作为一种媒介，贯穿始终。

1.2.4 统计中的数据与商业中的数据

在传统统计学中，一个随机样本可以在很大程度上推导出全局的特征。从样本到总体，并利用假设检验证明其可靠性是传统统计学的常用方法。传统统计学在证明其收敛性和收敛速度的基础上，为实践奠定基础，以静态数据为主。

而商业环境是动态的，始终处于不断变化的过程中。因为满足商业环境的数据是全样本记录，并且是不断动态收集和变化的，量更大，形式更复杂，因此难度也更大，更具研究价值[1]。

1.3 统计与人工智能

统计和人工智能都是从数据中创建模型，但目的不同。统计学家非常注重使用数据缩减形式，使得原始数据被转换为更低维度的统计数据。这类统计数据的两个常见例子是均值和标准差。统计学家将这些统计数据用于不同的目的，将该领域划分为描述性统计和推理统计。

人工智能最主要的任务是预测建模：创建用于预测新示例标签的模型。训练集是从静态总体中独立且等概率选择的，是该总体的代表；测试集是从感兴趣的总体中随机抽取的样本。如果总体发生变化，即产生概念漂移，可以使用一些技术来对此进行测试和调整。

概率统计方法的突破增强了人工智能从原始数据中提取高级特征的能力，从而对状态空间进行有效的表示。

人工智能的算法核心是数学，如神经刺激模型 sigmoid，它模仿的是到临界时刻的变化点，直观地说，它可以理解为：到达某个临界点，就爆发了。可以想象为人的情绪在到达某个临界点会爆发，这是每个人都能够体会到的。而在数学领域就是以下的这个函数 (图 1.2)：

$$S(x) = \frac{1}{1+\mathrm{e}^{-x}}$$

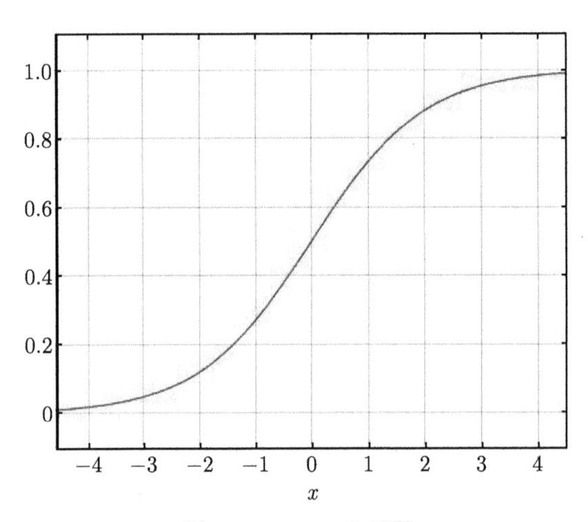

图 1.2　sigmoid 函数

大家可以通过书本或者最新的科研成果查询到统计领域的算法和人工智能的算法，比如 AlphaGo 算法公开发表在《自然》上。人工智能的算法目前处于开源状态，像谷歌这样的公司和站在前沿领域的科学家在引领算法。我们认为算法将成为一种基础设施，大部分应用只需要自己设定参数即可。未来人工智能算法在应用领域将会快速发展，所以理解算法在什么场景中可以应用将会更加重要。

1.3.1 人工智能的开端

作为当代最主要的前沿技术之一，人工智能已经有数十年的发展历程。

1956 年夏季，以麦卡赛、明斯基、罗切斯特和申农等为首的一批有远见卓识的年轻科学家在一起聚会，共同研究和探讨用机器模拟智能的一系列有关问题，并首次提出了“人工智能”这一术语，它标志着“人工智能”这门新兴学科的正式诞生。

这次会议基本上是一次头脑风暴，而支撑这场讨论的基础是：假设我们可以精确地描述出学习和创造过程的每个方面，并可以对其进行数学模拟且该模拟数据能够被复制到机器里面。

“想办法让机器使用语言，形成抽象的概念来解决目前只有人类可以解决的问题，并让机器具有自我改进的能力”。这是本次会议的宗旨，也是一个全新的开端。

1.3.2 人工智能的解决方法

知识的获取和表示是机器智能的核心，机器学习是指通过对信息中模式的算法分析进而发现和改进知识的计算算法。机器学习的一个重要方面是机器在有 (或没有) 人工辅助的情况下具有更新这种“智能”的能力。图 1.3 为人工智能解决方法示意图，具体解决方法介绍如下。

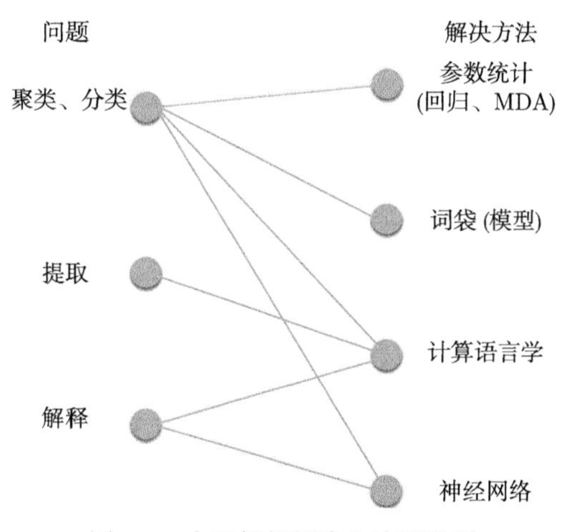

图 1.3 人工智能解决方法示意图

人工智能的解决方法大致分为聚类、分类、提取和解释。其中，聚类、分类等在传统的统计科学里已经涉及。

(1) 聚类和分类的主要区别在于：在分类中，我们提前了解了类别，而在聚类中，我们从数据中发现类别。

(2) 提取是指从文档中提取特定数据，尤其会在非结构化或者半结构化的文档中用到，比如财务报表的附注。

(3) 解释是指在各种文稿中，比如法律合同、研究报告中就特定目的来解释非结构化内容。例如，机器学习与自然语言文本就涉及了文本分类和文本解释的问题。

1.3.3　从统计建模到人工智能

统计参数模型是机器学习最早和最简单的形式，用参数统计方法处理数据之间的关系相对来说简单。多变量分析最早起源于多元线性回归模型，逻辑回归建立在这个基础上。现在最常用的逻辑回归模型被广泛地应用在银行判别信用风险领域[2,3]。

虽然这些简单的方法在过去很长一段时间内也被应用在各个领域，但是对于真实世界的数据，尤其是非结构化数据，参数统计在流程领域建模中仍然受到限制。而深度学习的算法正好弥补了这一不足之处。深度学习架构的基础是假设观测数据是由不同因素在不同层次上的相互作用而产生的。人工智能平台的模块有多重分类，图 1.4 简单地介绍了模块的一种分类方式。

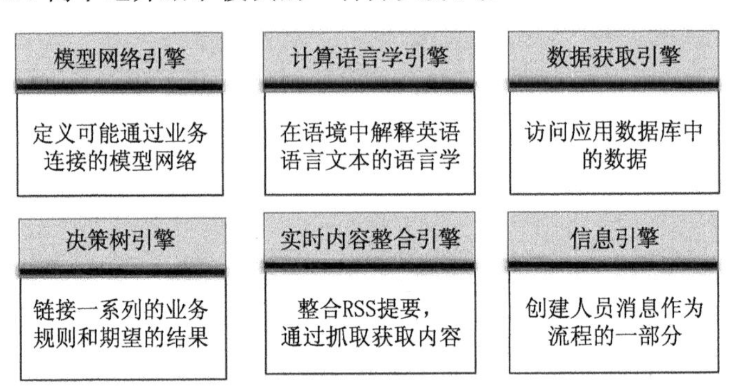

图 1.4　人工智能平台的模块分类

1.4　人工智能与企业商业赋能的进阶发展

1.4.1　阶段性发展

了解算法是基础，了解完算法才能够调整参数。进一步，了解商业/企业的应用需求，才能把人工智能算法精准地应用到商业/企业场景中去。对于大部分商业/企业来说，不需要担心算法有多难，因为算法是工具，能解决问题即可。商业/企业更需要知道如何利用数据、人工智能算法和商业/企业进行融合，从而创造出价值。

互联网＋是传统企业和互联网方法的叠加，我们传统理解的人工智能给企业赋能是用人工智能的方法提高传统企业某个环节或者局部的效率，人工智能只是其中的工具和手段，目标指向的是优化，这可能只是其中的过渡步骤。其间会涌现出很多人工智能的应用场景。人工智能可以在实际的场景中为企业解决问题，本书中的简单案例就是已经实现的人工智能算法在各种场景中的应用。

1.4.2 更高一层发展模式

然而，人工智能和商业/企业的融合则是更高一层发展模式，我们把它定义为重构，重构需要的是整个价值创造过程，而非单一环节的效率提升。要做到整个价值链的创造，需要有效地了解最终用户的需求和企业的供给，并且创造连续性的互动过程，以用户的最终需求来决定生产、设计、创造。给用户以极致体验和创造链条价值是人工智能和商业/企业融合的最终目标。

这里的互动指的是数据驱动的互动，从数据驱动到人工智能算法再到自动匹配出用户需求，并进行反馈，这才是数据与人工智能算法的灵魂。技术的发展不断地推动商业前行，图 1.5 展示了技术的发展推动商业的前进道路。

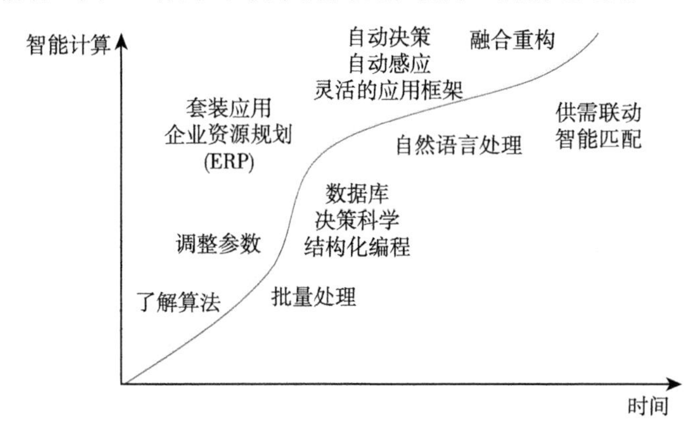

图 1.5 技术的发展推动商业的前进道路

1.5 人工智能 + 人：未来职业畅想

职业规划在人的成长中是至关重要的，我在上海交通大学任职业界导师和教授研究生课程的过程中，也给学生带来了职业生涯的启迪。希望本书给大学生或者刚刚在职场上起步的新人提供一个未来可能的畅想。

1.5.1 人与机器的充分融合

人工智能对未来工作方式的影响是深刻的，从而影响当代大学生的未来职业规划。人工智能凭借机器学习和大数据处理能力高效完成重复性劳动，而且通过海量大数据不断地训练和自我学习，提出全新的解决方案，极大地突破了人类的认知，创造出新价值。同时，人工智能还能让劳动力与机器设备实现互联互通，将生产、制造等环节打通，有效调节劳动力投入，让二者完美配合、协作。在人工智能的帮助下，人们得以从冗长乏味的流程性事务中解脱出来，专注于解决复杂、更需创造力和情感共鸣的事情。但是我们认为人工智能系统并不会取代人，而是增强了人的技能，其与人充分合作和融合，从而实现前所未有的生产效率。那些仅用机器来替代人力的公司并不是最终的赢家，而那些把人和人工智能充分融合，创造新的价值链的公司才能成为行业的领导者[4]。

1.5.2 历史上企业转型的特征

第一特征是标准化流程，第二特征是自动化流程，第三特征是自适应流程。所谓自适应就是企业能够实现个性化服务，即根据客户需求将产品和服务推向市场并获得盈利 (而不是批量化生产的产品)。

历史经验表明，任何的技术进步都不断地在增加人均收入、延长人类预期寿命、提高人们的生活水平。所以学生应该积极地用知识武装自己，参与到这场变革中去。“当机器能够做所有事情的时候，我们还能干什么？”这是一个让很多人忐忑不安的问题，也是一个值得深思的问题。

当计算机具备思考能力、工作能力和管理能力时，学生应该向哪一个方向成长？他们应该学习什么？关注什么？当很多的二十年前热门的学科、工种逐渐被新的方向取代时，我们的学生又该怎样规划自己的职业生涯呢？

今天的大学已经不同于二十年前的大学，学生可以自由地选择自己想学习的课程，可以根据自己的兴趣参加各种学术活动和实践活动，并且社会上的信息对学校的冲击也非常大。信息量增大是整个时代、整个社会变迁的结果。面对大量信息做出抉择也是比二十年前更加困难的事情。

现在的大学生和二十年前的大学生最明显的区别在于接受信息快，学习能力强，头脑更加开放，自我意识更加强烈，愿意提前消费，选择变化快。大学生的这些变化特点是符合时代变迁的。面对这些更加快的时代特征，现在的大学生需要学习和掌握更多的符合时代的知识，数学 + 统计 + 人工智能是一门必备课。

我们看到越来越多的重复性劳动力正在被替代，取而代之的是科学用脑、更具创造性的劳动力。我们认为时代的需求特征是，劳动力具有更强的学习能力。

1.5.3 人机协作与融合

人类的强项是创造力、即兴创作、灵活性、评判力、社交、领导力等，而机器的优势在于速度、准确性、重复性、预测能力、可扩展性。

人工智能融合商业/企业的流程和方式涉及三个功能，即增强、交互和展示。

增强，即人工智能通常利用实时数据为我们提供数据驱动，得出大范围的解析和洞见。这就好比人类的大脑运作一样，但是它对数据的处理能力比人类大脑还要高。

交互，即人工智能通过高级界面、智能模糊搜索、语义分析和语音识别来进行人与机器之间的交流互动。这些交互的媒介通常在设计中赋予不同的人不同的特征，且后台由大数据驱动进行，前台可以同时和无数人交互，同时满足上千万人的需求以及分析。

有些媒介是隐形的，而展示体现了人机结合的动态过程。例如，人工智能与传感器、机器人协同合作，它们可以与人类同时存在于工厂车间，一起工作。人类和机器人之间互相依附。更进一步，未来应该是以人为中心，辐射人工智能和机器人的并行工作流程，而不是之前的串联性工作流程[5]。

1.5.4 未来职业场景

我们试图大胆地猜想一下未来的职业场景，探索未来的工作将是如何运营的，作为“未来专业”的学生，开启我们的梦想之旅。

人工智能建模师是由人工智能直接产生的职业，它会把算法和企业需求直接结合起来，深度理解企业需求，并构造出适合的模型。创造力是人工智能建模师的要求之一。在人工智能建模师构造出模型后，需要通过对参数的调整训练，维护整个模型。

过去的炼钢厂工人流淌着大汗，在锅炉边铲煤工作，而未来的我们在监控室里面可以随时根据炼钢的需要自动添加原材料，并观察设备运行状况，同时我们的电子屏幕还跳动着市场的钢铁供需情况。

个人的理财顾问应该根据专业平板电脑产生的相关数据，在线上了解到需求后，自动设置好为客户量身定制的服务，理财顾问主动邀约，在线下为客户提供独一无二的综合服务。

而在后台，金融研究人员 (建模师) 不断学习新的知识，获取新数据，通过不断地调整参数对原有图谱进行验证，从而得到新的知识图谱。

公司的销售人员使用文本挖掘工具来倾听全球范围内的客户反馈，通过讨论客户提出的问题得出见解，进而对产品和服务做出改进。接下来会有营销人员用图解的方式向客户展现逻辑，并且提供个性化定制产品。

在实体店用手机拍摄一张实体店的照片 (例如，冷藏柜里的矿泉水照片)，图像识别服务就可以根据照片分析、识别和计算出冷藏柜中的矿泉水数量，算法会利用客户关系数据库、天气、地点、促销活动、库存水平等来预测和建议如何发放补货订单。销售提供的是顾客个性化的购物体验，比如在恰当的时间向潜在的客户做当面营销，并绘制出全面的消费者兴趣全景。

借助前端交互技术，个人定制汽车逐渐兴起。在汽车制造实验室里，由人来引导一部分自动化机器人，可以在一条生产线上生产出更加多样化的产品，而多样化的操作单靠机器是无法完成的。

涡轮机发生故障时，修理员在历史数据、预测数据和天气预报等因素基础上提出修理方案，系统推断具有 95%的置信度；修理员做决策前，增加了即时成本的询价，最终系统给出了节省燃料和电力成本并且不妨碍现有流程的修理方式，修理员在这种修理方式下进行涡轮机的修理。

银行贷款团队中很多高级员工转型做培训和贷款行业的业务，为其讲述行业的背景，并且在人工智能的训练中发挥了作用，提高了学习的效率。

加入人工智能后，人类这样描述他的工作环境：“我十分满意自己的工作，既节省了时间，又提高了效率，而且我感觉我在操控整个系统，而过去我只是负责流程的一部分。”

第2章　点评数据对上市公司的影响——基于统计回归模型

由于商业行为的盈利目标，投资者无法要求企业公开完整的实时运营数据，但这并不意味着不能通过其他途径来了解企业的运营状况。比如，我们可以通过点评类社区 (Yelp) 的公开数据，从终端消费者对企业所提供的产品及服务的评论来作为市场调研的结果，以此对企业的经营情况进行有效评估。本章通过面板数据的方式，用美国最大的点评类社区 Yelp 的数据对上市公司的股价做分析与评估。

2.1　通过点评网站数据研究上市公司

2.1.1　有效市场假说

在金融领域，有效市场假说 (efficient market hypothesis) 是有关金融资产定价和股票市场波动逻辑的代表性理论之一。该理论认为，在法律健全、功能良好、透明度高、竞争充分的股票市场，一切有价值的信息已经及时、准确、充分地反映在股价走势当中，其中包括企业当前和未来的价值，除非存在市场操纵，否则投资者不可能通过分析以往价格获得高于市场平均水平的超额利润。因此，投资者如果想获得更多的超额利润，就不能局限于财务报表等公开信息，而是要尽量挖掘出市场上所有的公开信息。

对于股票市场波动的分析，我们目前所聚焦的方向主要是上市企业公开的年度或月度财务报表和专业机构的调研报告。但由于主观造成的“信息美化”和客观造成的信息滞后性，投资者无法及时准确地依据上述数据信息而了解企业的盈利现状和发展趋势，从而无法对股票的波动进行有效预测而做出正确投资决策，所以获得超额利润的概率也就随之降低。因此，解决时效性和真实性问题是提高目前基于财务报表等企业公开信息的股票预测模型的重中之重。

在这里，我们采用了 Yelp 数据库①作为我们研究的数据来源。

2.1.2　Yelp 数据库介绍

Yelp 作为美国最大的点评网站，建立于 2004 年，上市于 2012 年，目前市值约

① 数据库下载网址：https://www.yelp.com/dataset。

为 60 亿美元，可以作为具有代表性的点评类社区进行研究。Yelp 网站中囊括各地餐馆、购物中心、酒店、旅游等领域的商户，用户可以在 Yelp 网站中给商户打分、提交评论、交流购物体验等。虽然 Yelp 主要的利润来源是广告费用，赞助商有明确的橙色标记，且标注了是“赞助商搜索结果”，但是 Yelp 十分注重评论的真实性，即使是赞助商也无权改变或操纵消费者评论，保证消费者评论的真实性是 Yelp 网站的特点之一[6]。

Yelp 2018 年第一季度财务报表显示，Yelp 上的累计评论数同比增长 22%，达 1.55 亿条，安装了该应用的设备数平均每月增加 17%，达 3000 万，付费广告客户数增长 27%，达近 17.7 万。评论是 Yelp 体验的核心，Yelp 上的评论形成了一个丰富的数据库，消费者利用该数据库对本地消费做出最佳决定。图 2.1 是简单的 Yelp 数据库介绍示意。

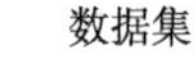

188593家商户　　280992张图片　　10个商业区

图 2.1　Yelp 数据库介绍

我们的主要研究内容是 66 家美国上市公司 2012 年 1 月 1 日至 2017 年 12 月 31 日在 Yelp 网站的消费者评价数据与该公司同期股价变动的相关性。通过对 Yelp 数据库中文本、评分、时间等数据的挖掘，我们可以构建出一系列不同于传统基本面因子的变量，来作为上市公司股价建模的依据。

2.2　点评网站数据处理

2.2.1　数据获取

我们从 Yelp 官网下载 MySQL 格式的数据库文件，文件大小高达 5.7GB，一般的编辑器无法直接打开。对此的解决方法是：其一，可以在云端高性能服务器打开文件并导入数据；其二，可以利用 SQL dump Spliter 2 小工具进行 SQL 文件的拆分，对拆分文件进行加载。在导入数据后，我们可以看到数个数据表。数据库关系如图 2.2 所示。其中，我们主要将评论表和商务表作为数据来源。

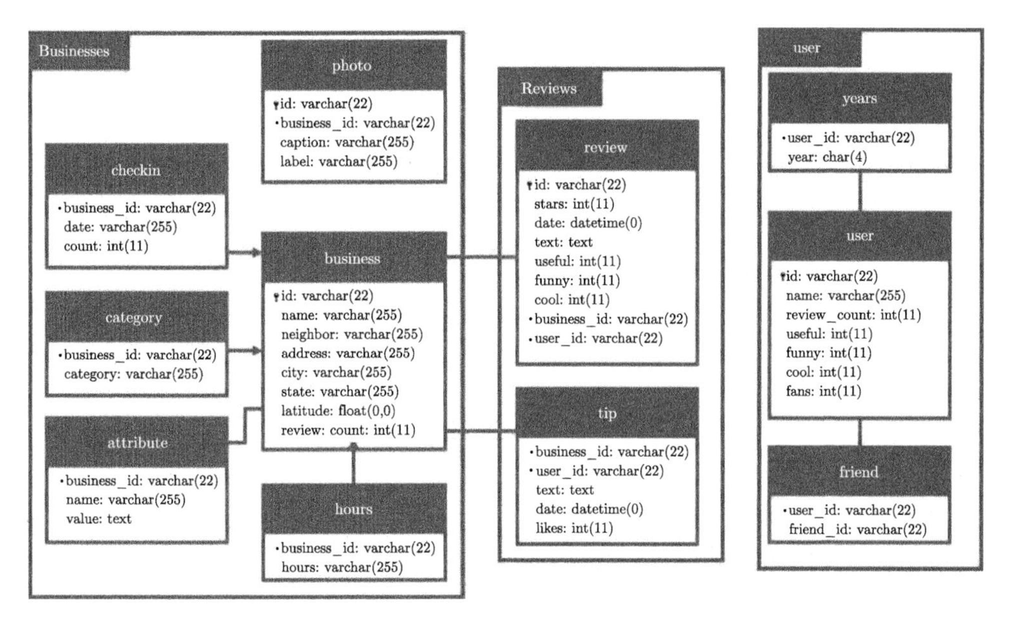

图 2.2 数据库关系示意图

首先，由于我们主要研究的是上市公司，需要对没有上市或出现频率太低的公司进行剔除。选取出现频率最高的排名前 100 名的商家 (以名称为标识)。可以利用如下 SQL 语句选取出现频率最高的排名前 100 名的商家 (以名称为标识)。下面我们尝试筛选出所有在百胜 (YUM) 集团旗下的店铺评分 (包括 KFC、Pizza Hut 等品牌)。

```
1  SELECT review.* FROM business , review
2  WHERE
3  (business.'name'='A&W' OR business.'name'='KFC' OR business
       . 'name'= 'Pizza hut' OR business.'name'='Long John Silvers' OR
       business.'name'='Taco Bell')
4  AND review.businessid=business.id
```

上述代码运行之后获得的结果如表 2.1 所示，其中 id 为某条评论的唯一编号，stars 为消费者给出的评分，date 为评分日期的数字代码格式，与日期一一对应，text 为评价文字，useful/funny/cool 为其他用户对该条评价的看法，business_id 为被评价的商户 id，user_id 为评价用户的 id。

表 2.1　数据表结构示例

id	stars	date	text	useful	funny	cool	business_id	user_id
0qj2Oh	1	42873	Don't expect the order taker...	0	0	0	–Ni3oJ4V	jHaAeX
9BpWr	2	42030	Everytime I have gone to ...	0	0	0	–Ni3oJ4V	hkBjOOp
F90FK	5	42127	Best chicken i have ever had...	0	0	0	–Ni3oJ4V	hoMLPO
fqC7Xf	1	42212	Absolutely terrible service...	1	0	0	–Ni3oJ4V	1KHHVb
Inw0uF	2	41966	Food is good but every ...	0	0	0	–Ni3oJ4V	HVVpo6

2.2.2　变量提取

在对数据库进行各类分析后，综合考虑到研究的可行性和有效性，我们从数据库提取出了 6 个变量，分别是：消费者评价算术平均分、消费者评价加权平均分、评分数量、评分的样本标准差、评价文字的情感评分、评价文字的主观性评分。

1) 消费者评价算术平均分 (arithmetical average star)

依照不同公司、不同年份、不同季度对逾 15 万条评价记录进行分组，并取平均值，作为消费者评价算术平均分这一变量。

2) 消费者评价加权平均分 (weight average star)

在 Yelp 数据库中，每一条评价记录还对应有其他用户对其的点赞数 (useful)。我们不妨假设，每一次用户对其他用户的评价点赞，代表该用户认同该评价，相当于在数据库中新增一条完全相同的评价记录。因此，我们可以将权重设置为点赞数 +1，以充分反映其他用户对某一评价的认同。最终消费者评价加权平均分的计算公式为

$$\text{weight average star} = \sum_{i=1}^{n}(\text{useful}+1)\cdot \text{average star}$$

```
1  # 聚合点评数据和商铺数据
2  business = pd.read_excel(r"Business.xlsx")
3  joint = business.merge(review, left_on='id', right_on='business_id'
       )
4  joint.drop(columns=['neighborhood','address','postal_code','id_y','
       user_id','business_id'], inplace=True)
5  t=joint.drop(columns=['city','state','latitude','longitude','stars_x','
       is_open','funny','cool'])
6  t['year']=t.date.apply(lambda x:x.year)
7  t['season']=t.date.apply(lambda x:x.quarter)
8  t['weight'] = t['useful']+1
9  t['score'] = t['weight'] * t['stars_y']
10 # 按照“商家，年份，季度”设置多级索引
11 tt = t.set_index(['name','year','season']).sort_index()
```

3) 评分数量 (count)

我们依照不同公司、不同年份、不同季度对记录进行分组，并取每组评分记录条数，作为评分数量这一变量。

4) 评分的样本标准差 (star_std)

我们依照不同公司、不同年份、不同季度对记录进行分组，并计算每组评分的样本标准差，作为评分的样本标准差这一变量。

5) 评价文字的情感评分 (polarity)、评价文字的主观性评分 (subjectivity)

在 Yelp 数据库中，每一条评价记录都对应一段评价文字。我们利用著名的 Python 文本情感分析库 TextBlob，计算每一条评价的情感评分及主观性评分。情感评分的取值介于 −1 到 1 之间，其中 −1 代表“完全负面评价”，1 代表“完全正面评价”。主观性评分的取值介于 0 到 1 之间，其中 0 代表“完全客观评价”，1 代表“完全主观评价”。如果遇到计算量较大的问题，可以调用谷歌公司的个人云端服务器[①]进行云计算。TextBlob 处理示例代码如下：

```
1  import pandas as pd
2  from textblob import TextBlob
3
4  review = pd.read_excel (r"drive/review.xlsx")      //读取原始数据表
5  sentiment = [TextBlob (i).sentiment for i in review.text]
6  '''sentiment =
7  [Sentiment (polarity = -0.060714285714285714, subjectivity = 0.39761904761904754),
8  Sentiment (polarity = -0.21383116883116882, subjectivity = 0.5405844155844156),
9  Sentiment (polarity = 0.5125000000000001, subjectivity = 0.5041666666666667)...]
10 '''
11 //将数据转换为DataFrame类型,将数据聚合到原始数据表
12 sentiment = pd.DataFrame (sentiment)
13 review = pd.concat ([review,sentiment],axis=1)
```

通过上述代码，我们完成了对所有记录的情感和主观性评分，并将结果整合到原始数据表。我们依照不同公司、不同年份、不同季度对记录进行分组，并将最终得到的每一条评价文字的情感评分取算术平均，作为评价文字的情感评分这一变量。

6) 控制变量

控制变量主要是财务数据和市场平均回报率。我们选择净资产回报率 (roe)、总收入 (revenue)、标普 500 季度回报 (SnP) 作为控制变量。在这个过程中，我们

① https://colab.research.google.com。

必须将 Yelp 商户和公司的股票代码联系起来。由于 Yelp 商户名为店铺名，若要确定其是否上市，首先需要找到其背后母公司，然后在雅虎财经网站搜索确定其是否上市。若上市，确定股票代码。通过检索确定商户母公司是否上市并查询到其股票代码后，我们得以直接从 Wind 数据终端获取所需数据。

2.2.3 面板数据准备

我们获取到的财务数据的索引为“年–月–日”格式，且均为一个季度的结束日；而控制变量的数据经过初步整合，其索引为“年–季度”格式。通过对两张表恰当聚合，最终我们得到可以用于回归分析的数据大表，数据频率为季度。另外，针对不符合常理的数据我们也需要做清洗，将数值在 3σ 之外的记录直接剔除。

```
1  # 上市公司代码
2  namelist = pd.read_excel(r"namelist.xlsx", header=0)
3  t1 = namelist.merge(star, how='left', left_on='公司名称', right_on
       ='name').drop(columns=['公司名称'])
4  t1.sort_values(by=['Wind代码','year','season']).iloc[-100:]
5  # 加权平均
6  wfun = lambda x: np.average(x, weights=t1.loc[x.index, "count"])
7  t2 = t1.groupby(['Wind代码','year','season']).agg(wfun)
8  # 聚合全部数据
9  data = pd.concat([t2, fin],axis=1)
10 #%% 去除outliers
11 def normalize(data, col):
12   data = data[(data[col]<=data[col].mean()+3*data[col].std())&(
         data[col]>=data[col].mean()-3*data[col].std())]
13   return data
```

最终，我们得到的面板数据格式如图 2.3 所示，图中仅截取了一家公司的面板数据。

name	year	season	average_star	count	polarity	star_std	subjectivity	weight_average_star	pct_chg	revenue	income	eps	roe	S&P
AZO.N	2012.0	1.0	2.000000	3.000000	0.091823	1.732051	0.498650	1.500000	14.410561	8.348776e+09	8.868980e+08	30.439492	-14.6944	0.118846
		2.0	3.500000	6.000000	0.144613	1.643168	0.542460	3.533333	-1.245293	8.482273e+09	9.081100e+08	56.957985	-28.0854	-0.032880
		3.0	3.909091	11.000000	0.213526	1.513575	0.559916	3.771429	0.680884	8.603863e+09	9.303730e+08	96.903945	-45.4232	0.057504
		4.0	4.333333	6.000000	0.209768	1.211060	0.574109	4.285714	-4.122596	8.670562e+09	9.427000e+08	152.185220	-66.4017	-0.010209
	2013.0	1.0	3.000000	3.000000	0.136501	1.732051	0.548043	2.600000	13.827926	8.721690e+09	9.520160e+08	34.745640	-12.9612	0.100267
		2.0	3.166667	12.000000	0.149659	1.527525	0.501377	2.933333	6.784787	8.815702e+09	9.690130e+08	65.241927	-24.5114	0.023643
		3.0	3.400000	10.000000	0.066456	1.712698	0.528504	3.333333	-0.226581	9.147530e+09	1.016480e+09	110.381952	-41.8964	0.044584
		4.0	3.692308	13.000000	0.208804	1.315587	0.524017	3.454545	13.103155	9.250068e+09	1.031115e+09	174.513052	-62.8360	0.098638
	2014.0	1.0	3.571429	7.000000	0.092413	1.812654	0.520766	3.666667	12.052240	9.385364e+09	1.047699e+09	39.221820	-12.7965	0.014346
		2.0	3.736842	19.000000	0.175606	1.284182	0.501710	3.727273	1.668436	9.521031e+09	1.067273e+09	74.077910	-24.1888	0.046036
		3.0	4.000000	24.000000	0.136482	1.503619	0.502915	3.815789	-4.793395	9.475313e+09	1.069744e+09	127.534251	-39.8263	0.005096
		4.0	2.900000	10.000000	0.152841	2.024846	0.496468	2.642857	21.910444	9.641999e+09	1.089967e+09	198.256752	-64.6532	0.044363
	2015.0	1.0	4.272727	22.000000	0.232994	1.386390	0.558694	4.378378	9.592738	9.795157e+09	1.108860e+09	45.549154	-14.5105	0.004366
		2.0	3.478261	23.000000	0.162537	1.879786	0.486985	3.703704	-3.260901	9.946632e+09	1.132774e+09	86.170928	-29.1233	-0.002186
		3.0	3.433333	30.000000	0.126592	1.869600	0.451765	3.459459	9.148622	1.018734e+10	1.160241e+09	145.529860	-46.4980	-0.071103
		4.0	3.969697	33.000000	0.191823	1.570924	0.533295	3.913043	2.371951	1.031312e+10	1.180043e+09	235.212536	-69.8257	0.064746
	2016.0	1.0	3.210526	19.000000	0.115224	1.902599	0.502564	3.038462	6.201261	1.042666e+10	1.196933e+09	53.957880	-14.8361	0.010568
		2.0	3.681818	22.000000	0.096361	1.672932	0.487787	3.750000	-1.081593	1.052731e+10	1.215376e+09	104.828970	-28.2757	0.020539
		3.0	3.888889	45.000000	0.163061	1.734964	0.532636	3.913793	-3.087712	1.063568e+10	1.241007e+09	176.045400	-45.6838	0.032834
		4.0	4.210526	19.000000	0.273730	1.512134	0.567802	3.700000	3.138059	1.071748e+10	1.261020e+09	276.058176	-71.1397	0.034422
	2017.0	1.0	3.846154	26.000000	0.130395	1.665949	0.498182	3.965517	-8.450348	1.074951e+10	1.269552e+09	66.112956	-15.1041	0.049366
		2.0	3.100000	40.000000	0.108422	1.918867	0.497174	3.173913	-20.668076	1.077484e+10	1.273737e+09	123.186010	-28.5075	0.025851
		3.0	4.600000	10.000000	0.266358	1.264911	0.497374	4.666667	6.332303	1.088868e+10	1.280869e+09	203.689988	-48.3740	0.036181

图 2.3 面板数据

2.3 回归模型设计

我们利用 2012 年 1 月 1 日至 2017 年 12 月 31 日期间的 Yelp 评价数据及公司财务指标的面板数据，分析探讨如下问题：消费者的线上评价是否会对公司的股价产生影响。

2.3.1 模型一：普通 OLS

模型一使用样本时期内 (2012 年至 2017 年) 的样本公司股价的季度回报 (pct_chg) 作为回归的因变量，用样本公司在 Yelp 网站上消费者评价算术平均分、消费者评价加权平均分、评分数量、评分的样本标准差、评价文字的情感评分、评价文字的主观性评分作为干预变量，用净资产回报率、总收入、标普 500 季度回报作为控制变量。

$$Y_i = \alpha + \beta D_i + \gamma X_i + \epsilon_i$$

我们可以根据模型一的变量识别结果，选取一些基本有效的变量，作为我们后续研究的干预变量。在后续的实证结果中，评价文字的情感评分变量由于不够显著而被剔除。

```
1 #%%模型一
2 model = smf.ols(r'pct_chg ~ average_star+star_std+count+polarity+subjectivity+
      roe+revenue+SnP',
3 data=normalize(t, 'pct_chg'))
4 results = model.fit()
5 results.summary()
```

2.3.2 模型二：引入时间趋势项

通过观察数据，我们发现有部分变量存在很明显的时间趋势。其中，最明显的就是评分数量这一变量。随着智能手机和移动网络的不断普及，Yelp 用户评价数目呈现每年快速增长的趋势。为了消除这种时间趋势效应，我们决定在模型中加入时间趋势项 (year)。因此，模型二在模型一的基础上，加入时间趋势项以消除其影响。

$$Y_i = \alpha + \beta D_i + \gamma X_i + \lambda \, \text{year}_i + \epsilon_i$$

```
1 #%%模型二
2 model=smf.ols(r'pct_chg~average_star+star_std+count+year+roe+revenue+SnP',
3 data=normalize(t, 'pct_chg'))
4 results = model.fit()
5 results.summary()
```

2.3.3 模型三：固定效应模型

考虑到数据中可能存在比较严重的时间效应以及遗漏变量问题，我们决定采用固定效应模型。

我们通过引入年份哑变量 ($\text{year}_1 \sim \text{year}_5$) 和季度哑变量 ($\text{quarter}_1 \sim \text{quarter}_3$) 来消除时间固定效应。而对于个体固定效应，每个样本企业的数据点数量较少，会导致回归出现较大误差，我们没有纳入考虑范围。

$$Y_i = \alpha + \beta D_i + \gamma X_i + \lambda\ \text{year}_i + \theta\ \text{quarter}_i + \epsilon_i$$

```
#%%模型三
model=smf.ols(r'pct_chg~star_std+average_star+roe+count+revenue+y1+y2+y3
    +y4+y5+q1+q2+q3+SnP',
data=normalize(t, 'pct_chg'))
results = model.fit()
results.summary()
```

2.4 点评网站对公司的价值分析

针对点评网站的上市公司数据，通过回归模型进行分析，模型一、模型二和模型三分别是一般的最小二乘法、带有时间趋势项的最小二乘法和固定效应模型，其得到的回归结果如表 2.2 所示。

表 2.2 OLS 回归结果

	模型一	模型二	模型三
平均星级	−1.0857	−1.3823	−1.2585
	(0.976)	(0.602)**	(0.607)**
计数	0.0009	0.0024	0.0027
	(0.003)	(0.003)	(0.002)
标准差	−4.6708	−2.8184	−3.1738
	(1.353)***	(1.435)**	(1.432)**
极性	−0.7083	—	—
	(7.187)	—	—
主观性	−5.8638	—	—
	(9.619)	—	—
净资产回报率	−0.0013	−0.0013	−0.0013
	(−0.001)	(0.001)	(0.001)
总收入	−3.0e−12	−4.4e−12	−4.0e−12
	(4.8e−12)	(4.8e−12)	(−4.7e−12)
标普 500	75.0589	70.8147	50.8946
	(9.378)***	(9.402)***	(12.032)***
年份	—	−0.8919	—
	—	(0.255)***	—
年度 & 季度	No	No	Yes***
R 方	0.070	0.080	0.099

注：括号中的数字表示估计系数的标准误。

∗∗∗ 代表 1%显著性水平，∗∗ 代表 5%显著性水平。

模型一回归结果 (图 2.4) 显示，除评分的样本标准差 (star_std)、标普 500 季度回报 (SnP) 和截距项 (Intercept) 的系数显著以外，其余变量的系数均不显著。

OLS Regression Results

Dep. Variable:	pct_chg	R-squared:	0.070
Model:	OLS	Adj. R-squared:	0.063
Method:	Least Squares	F-statistic:	10.38
Date:	Thu, 22 Nov 2018	Prob (F-statistic):	4.31e-14
Time:	23:44:58	Log-Likelihood:	-4360.4
No. Observations:	1109	AIC:	8739.
Df Residuals:	1100	BIC:	8784.
Df Model:	8		
Covariance Type:	nonrobust		

	coef	std err	t	P>|t|	[0.025	0.975]
Intercept	14.8430	6.198	2.395	0.017	2.681	27.005
average_star	-1.0857	0.976	-1.112	0.266	-3.001	0.829
star_std	-4.6708	1.353	-3.453	0.001	-7.325	-2.017
count	0.0009	0.003	0.283	0.778	-0.005	0.007
polarity	-0.7083	7.187	-0.099	0.922	-14.809	13.393
subjectivity	-5.8638	9.619	-0.610	0.542	-24.737	13.010
roe	-0.0013	0.001	-0.979	0.328	-0.004	0.001
revenue	-3.506e-12	4.81e-12	-0.729	0.466	-1.29e-11	5.93e-12
SnP	75.0589	9.378	8.004	0.000	56.658	93.460

图 2.4 模型一回归结果

模型二回归结果 (图 2.5) 显示，在 5%的显著性水平上，评价的平均分数 (average star)、评分的样本标准差 (star_std)、时间趋势项 (year)、标普 500 季度回报 (SnP) 和截距项的系数显著，而其余变量的系数不显著。

OLS Regression Results

Dep. Variable:	pct_chg	R-squared:	0.080
Model:	OLS	Adj. R-squared:	0.074
Method:	Least Squares	F-statistic:	13.69
Date:	Fri, 23 Nov 2018	Prob (F-statistic):	4.63e-17
Time:	00:12:50	Log-Likelihood:	-4354.5
No. Observations:	1109	AIC:	8725.
Df Residuals:	1101	BIC:	8765.
Df Model:	7		
Covariance Type:	nonrobust		

	coef	std err	t	P>|t|	[0.025	0.975]
Intercept	1806.6663	513.660	3.517	0.000	798.803	2814.529
average_star	-1.3823	0.602	-2.295	0.022	-2.564	-0.201
star_std	-2.8184	1.435	-1.964	0.050	-5.635	-0.002
count	0.0024	0.003	0.769	0.442	-0.004	0.008
year	-0.8919	0.255	-3.494	0.000	-1.393	-0.391
roe	-0.0013	0.001	-0.977	0.329	-0.004	0.001
revenue	-4.354e-12	4.78e-12	-0.912	0.362	-1.37e-11	5.02e-12
SnP	70.8147	9.402	7.532	0.000	52.366	89.263

图 2.5 模型二回归结果

模型三回归结果 (图 2.6) 显示，在 5%的显著性水平上，评价的平均分数 (average_star)、评分的样本标准差 (star_std)、时间固定效应项 ($y1$、$y2$、$y3$、$y5$、$q2$)、标普 500 季度回报 (SnP) 和截距项 (Intercept) 的系数显著，而其余变量的系数不显著。这一结果表明，该模型成功识别了显著的时间固定效应，同时模型的解释力也较先前模型有了很大提升。具体地，评分的样本标准差系数显著为负，表示评分的样本标准差每增加一单位，将使得企业股价平均下跌 3.1738%。时间固定效应项 ($y1$) 系数显著为正，表明 2012 年企业股价涨跌幅平均比 2017 年高 4.0799%；时间固定效应项 ($q2$) 系数显著为负，表明第二季度企业股价涨跌幅平均比第四季度低 3.2144%。评价的平均分数系数显著为负，表示用户评价的平均分每提高一分，将使得企业股价平均下跌 1.2585%。如此反经济直觉的结果不免有些出人意料，但是我们必须尊重这一结果并作出合理解释。

OLS Regression Results

Dep. Variable:	pct_chg	R-squared:	0.099
Model:	OLS	Adj. R-squared:	0.087
Method:	Least Squares	F-statistic:	8.531
Date:	Fri, 23 Nov 2018	Prob (F-statistic):	9.51e-18
Time:	00:36:41	Log-Likelihood:	-4339.5
No. Observations:	1108	AIC:	8709.
Df Residuals:	1093	BIC:	8784.
Df Model:	14		
Covariance Type:	nonrobust		

	coef	std err	t	P>|t|	[0.025	0.975]
Intercept	8.6493	3.515	2.461	0.014	1.753	15.546
y1[T.True]	4.0799	1.520	2.684	0.007	1.097	7.063
y2[T.True]	6.0486	1.460	4.142	0.000	3.183	8.914
y3[T.True]	3.5621	1.355	2.630	0.009	0.904	6.220
y4[T.True]	2.0727	1.404	1.476	0.140	-0.683	4.828
y5[T.True]	3.2281	1.312	2.460	0.014	0.654	5.802
q1[T.True]	0.6557	1.089	0.602	0.547	-1.482	2.793
q2[T.True]	-3.2144	1.150	-2.795	0.005	-5.471	-0.958
q3[T.True]	-1.6079	1.156	-1.391	0.164	-3.876	0.660
star_std	-3.1738	1.432	-2.216	0.027	-5.984	-0.363
average_star	-1.2585	0.607	-2.075	0.038	-2.449	-0.068
roe	-0.0013	0.001	-1.045	0.296	-0.004	0.001
count_d	0.0027	0.002	1.244	0.214	-0.002	0.007
revenue	-3.999e-12	4.75e-12	-0.842	0.400	-1.33e-11	5.32e-12
SnP	50.8946	12.032	4.230	0.000	27.285	74.504

图 2.6 模型三回归结果

宣传成本 因为消费者具有从众心理，消费者评分特别容易受到媒体广告及名人广告的影响。这种影响在需求增加的同时，商户的宣传成本及生产成本相应增加；商户仍处于商业发展的初期，之前的沉没成本尚未收回，所以利润并没有同时增加，而且旺盛的人气无法持续维持，股价自然下降。

模型设计 在本书案例中，模型一到模型三回归的常数项皆显著，说明存在除了消费者评价之外的其他影响因变量公司股价数据的因素。这个结论是肯定的也是必然的，我们认为还可以在寻找更好的控制变量上做改进。但是，由于本案例只探讨消费者评价与上市公司财务指标及股价的关系，而非研究影响上市公司财务数据及股价的因子模型，所以并不作为重点考虑。

另外，我们在模型中没有考虑到地区差异，可能导致了遗漏变量偏误。具体地，不同地区的消费者所给出的评价均分，可能有较大差异。店铺位于高分评价地区的公司，其经营业绩可能并不如位于低分评价地区的公司优异，因而出现此类反常的负相关。

数据有效性 本次案例最后选择了 67 家上市公司作为研究样本，而上市公司大多为连锁品牌，如星巴克、麦当劳、沃尔玛等，体量较大，收入较为多元化，比如除了主营业收入，还有广告收入、周边产品收入等，财务数据受销售市场影响较小。而独立商户体量较小，主要收入来源为营业收入，相关数据更符合本次案例的研究目的。事情总有两面性，体量较小的独立商户又很难上市，从而较难获得公开的财务数据。因此，针对本案例最合适的数据，应该是有公开财务数据，且收入来源较单一、依靠销售市场的公司。

股东利益和消费者利益的冲突性 股东以最大化自身利益 (即股价) 为目标，而消费者则希望以更低的价格得到更好的服务。经观察，在数据库的用户评价中，有很多用户仅仅因为商品涨价，而给商户一次最低分的评价。而事实上，商品涨价对于公司来说是增加收入的一个途径。同理，用户会因为服务质量下降而评价低分，但服务质量下降对应了公司运营成本的节约。这一机理也反映出，市场对服务行业的公司股价的期望，往往源自其盈利能力、品牌价值和商业模式，成熟的资本市场对于个体消费者评价的反映不如预想中的那么强烈。

2.5 延伸场景及应用

海内外中资餐饮企业 本小节中，我们主要选取了一些美国餐饮服务业的上市公司作为研究目标。事实上，也可以利用“大众点评”等国内消费者点评平台数据，用同样的方式为海内外上市的中资企业构建影响因子。从数据有效性角度分析，中资餐饮服务企业的收入来源往往比较集中于营业收入，因此消费者评价能较好地反映出营收状况，从而联系到公司业绩表现；但是，国内点评网站存在比较严重的“刷单”和“刷广告”行为，会让消费者评价数据失真，在研究时必须注意到这一问题。

尽管国内点评网站还没有像 Yelp 网站一样，为研究者提供规整而详细的数据集，但目前已经有很多网络爬虫技术①可以将点评网站的数据信息爬取下来，作为

① 例如 https://github.com/ppy2790/dianpingshop。

研究分析的依据。有兴趣的读者可以自行尝试。

作为预警信号 各类研究表明，消费者的点评数据可以作为上市公司股价波动的预警信号。

史青春、徐露莹在《负面舆情对上市公司股价波动影响的实证研究》中表明，负面舆情对于上市公司股价具有明显的负面效果，特别是若公司后期回应不当，会加大负面效果。王萌在《我国消费者信心指标与股价指数的关联度研究》中表明，消费者信心指标这一宏观指标，与股市整体走势具有较强的相关性，且得出在股市衰退、股价下滑阶段，消费者信心指标与股价指数的关联度更大的结论。在本例研究中，我们得出上市公司的消费者点评数据如果出现较大的波动，则会对股价产生较大的负面影响。当然，也可以简单利用点评数量，对商户客流量做出贴切的估计，从而预计上市公司的营业收入。因此，我们可以建立对消费者评价指标的实时监控预警体系，从而对餐饮行业上市公司业绩做出预警乃至预测。

其他非餐饮企业 本例主要使用了餐饮服务行业的消费者数据，来分析其对上市公司股价的影响。那么，对非餐饮行业，如零售业、制造业，是否有同样的方式能对其业绩做预警和预测？

Huang 在 *The customer knows best: The investment value of consumer opinions* 一文中[7]，利用亚马逊购物网的消费者点评数据，在上市公司年报中的所属商标栏目中查找相应产品的品牌名称，将电商上的许多商品与其背后的上市公司联系起来，并做了股价建模分析。例如，该文在亚马逊网站上找到某款主机产品及其品牌名称，然后在该行业所有上市公司的年报中统一搜索该关键词，得到该主机产品背后对应的上市公司，从而将该产品页面下数千条消费评价归类到该公司。该文最终涉及的行业达到 12 个大类，共 346 个全球上市公司，1400 万条有效评论，其数据规模和质量都值得读者学习参考。

第 3 章　LASSO 回归及重要能源价格预测

回归作为机器学习方法中的一个大类，远不止线性回归、压缩系数的回归方法 (LASSO 回归、Ridge 回归)，还包含许多其他的方法，比如 Gauss 过程回归等，事实上，许多常用来分类的方法稍作转换也可以用作回归，比如决策树等。本章不会完整地介绍机器学习中的回归方法，主要是介绍 LASSO 回归，为了追求体系的完整性，我们也会介绍 Ridge 回归。在介绍了相关的理论之后，我们利用 LASSO 回归来预测动力煤的价格 (动力煤对工业生产有着巨大的意义)。对于许多能源企业 (比如中国神华)，知道了未来动力煤的价格走势，就能够科学地管理生产与库存，实现收益的最大化，因此这个预测在风险控制上是很有意义的。

3.1　通过多变量研究重要能源价格

在第 2 章我们通过固定效应模型介绍了线性回归的方法，理论上来说，对于任何一组变量我们都可以用线性关系来刻画它们之间的关系。两个变量之间可以用一元线性回归的方法来寻找它们之间的关系，一个变量与多个变量的关系可以用多元线性回归的方法来确定关系。但是，这是不是意味着对于任何问题我们都可以借助线性回归的方法来较好地解决呢？显然不是这样的！

比如，我们要预测下一周的动力煤期货的平均平仓价格是多少。动力煤指用于作为动力原料的煤炭。一般狭义上就是指用于火力发电的煤。从广义上来讲，凡是以发电、机车推进、锅炉燃烧等为目的，产生动力而使用的煤炭都属于动力用煤，简称动力煤。可见，动力煤对工业生产有着重要的意义，动力煤是工业生产的重要能源之一，涉及电力、建材和化工等多个不同的行业。因此，对于许多动力煤生产企业 (比如中国神华) 以及动力煤消耗企业，如果能够预测短期和长期动力煤价格的走势，就能更好地动态调控自己的动力煤库存和生产强度，进而更好地控制风险，使利益最大化。

那么什么与动力煤价格是相关的呢？宏观指标方面，有 GDP、M2、进出口、CPI、PMI、汇率等，重点行业包括采掘、黑色金属、能源、化工和制造等行业的景气度，同时我们还可以考虑一下其他重点生产原料比如石油、煤炭和钢铁等的价格，此外港口的数据也是重要的参考，比如港口的库存以及港口的调度等。那我们是不是只需把这些因子作为自变量，把 PPI 作为因变量，直接做简单的多元线性回归就可以了呢？实际上，当我们有非常多的解释变量时，线性回归不是一个良好的方法，可以考虑接下来要介绍的 Ridge 回归和 LASSO 回归。

3.2 回归模型的递进

3.2.1 从线性回归到 Ridge 回归

1. 溃不成军 —— 线性回归的困难

首先回顾一下线性回归模型的回归系数的表达式：

$$\beta = (XX')^{-1}X'Y$$

要保证该回归系数有解，必须确保 $X'X$ 矩阵是满秩的，即 $X'X$ 可逆，但在实际的数据当中，自变量之间可能存在高度自相关性，这会导致回归系数无解或结果无效。为了解决这个问题，可以根据我们自己的判断，将那些高自相关的变量进行删除；或者选用 Ridge 回归。

我们来考虑两种特殊情况：比如 X 的行向量或者列向量是线性相关的，或者 X 的列数比行数多：

$$X_1 = \begin{pmatrix} 1 & 2 & 2 \\ 2 & 3 & 4 \\ 2 & 4 & 4 \end{pmatrix}, \quad X_2 = \begin{pmatrix} 1 & 2 & 3 \\ 9 & 3 & 4 \end{pmatrix}$$

这时用线性回归的求解公式就无法得到 β。

2. 少即是多 —— 通过缩减系数学习历史数据

那么 Ridge 回归是如何解决这个问题的呢？很简单，就是在原来的 $X'X$ 上再加一个 λ 的扰动，即 $X'X+\lambda I$。显然，此时的 $X'X+\lambda I$ 一定是满秩的，也就是可逆的。于是，Ridge 回归的求解公式就变成

$$\beta = (X'X+\lambda I)^{-1}X'Y$$

不难发现，当 λ=0 时，此时 Ridge 回归的解就是线性回归的解，并且 Ridge 回归的 β 是会随着 λ 的改变而改变的。接下来我们将基于这个矩阵的表达式给出基于回归数据的表达式，就能清楚地看到这段内容开头的“缩减”二字从何而来。实际上，Ridge 回归系数的解是这样一个优化问题的解：

$$\beta^{\text{Ridge}} = \arg\min_{\beta} \left(\sum_{i=1}^{N} \left(y_i - \beta_0 - \sum_{j=i}^{p} x_{ij}\beta_j \right)^2 + \lambda \sum_{j=1}^{p} \beta_j^2 \right)$$

其相应的优化问题是

$$\beta^{\text{Ridge}} = \arg\min_{\beta} \sum_{i=1}^{N} \left(y_i - \beta_0 - \sum_{j=i}^{p} x_{ij}\beta_j \right)^2$$

$$\text{s.t.} \sum_{j=1}^{p} \beta_j^2 \leqslant t$$

将最后一项称为惩罚项，它的作用可以理解为对较大的 β 进行惩罚，或者说强行对 β 进行缩减。而缩减的力度或者惩罚的力度有多大，就取决于 λ 的大小。

LASSO 回归的压缩原理和 Ridge 回归十分相似，只有些细微的差别，但是这些细微的差别是很重要的。LASSO 回归系数的解可以表达为

$$\beta^{\text{LASSO}} = \arg\min_{\beta} \left(\sum_{i=1}^{N} \left(y_i - \beta_0 - \sum_{j=i}^{p} x_{ij}\beta_j \right)^2 + \lambda \sum_{j=1}^{p} |\beta_j| \right)$$

其相应的优化问题是

$$\beta^{\text{LASSO}} = \arg\min_{\beta} \sum_{i=1}^{N} \left(y_i - \beta_0 - \sum_{j=i}^{p} x_{ij}\beta_j \right)^2$$

$$\text{s.t.} \sum_{j=1}^{p} |\beta_j| \leqslant t$$

3.2.2　Ridge 回归与 LASSO 回归

在这一部分，将介绍机器学习中非常重要的两个概念：正则化和惩罚项。基于此，我们对 Ridge 回归和 LASSO 回归展开讨论，对它们的区别进行比较。

1. 抓大放小 —— 正则化

在介绍什么是“正则化”之前，首先要知道什么是“欠拟合”和“过拟合”。我们从图 3.1 这个例子出发，介绍一系列的相关概念。这张图很好地展示了什么是欠拟合、正拟合和过拟合。图 3.1(a) 是欠拟合的情形，在这种情况下，我们的拟合模型过于简单，导致每个点的预测偏差很大，因此也无法期待当这个模型见到新的数据时能够做出非常准确的预测。而图 3.1(c) 是过拟合的情形，在这种情况下，虽然看上去在训练集上的每个点都预测得非常准确，但这种准确的代价是模型过于复杂。这种模型的泛化能力是很差的，也就是当这个模型见到一个新的数据时，预测效果往往很差。图 3.1(b) 就是平衡了模型复杂度和训练集预测准确度的模型，这种模型理论上来说具有最高的泛化能力。

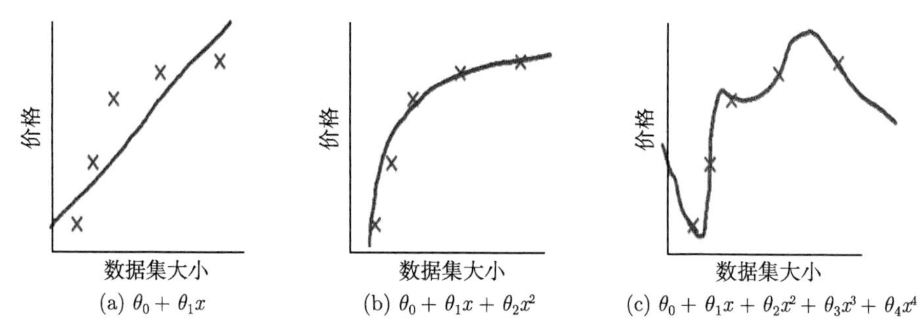

(a) $\theta_0+\theta_1x$ (b) $\theta_0+\theta_1x+\theta_2x^2$ (c) $\theta_0+\theta_1x+\theta_2x^2+\theta_3x^3+\theta_4x^4$

图 3.1 欠拟合、正拟合和过拟合

那么，如果出现了过拟合的情况如何处理呢？有两种选择：第一，减少特征 (预测指标) 的数量；第二，采用正则化的方法，即保持特征的数量，但是减少每个特征的系数 β_j。正则化的方法适用于有多个特征且每个特征都对最终结果有所贡献的情形。我们怎么实施正则化呢？通常的做法就是在损失函数后面加一项惩罚项。比如前面 Ridge 回归和 LASSO 回归的代价函数相比于普通的线性回归多出的那一项就是惩罚项。惩罚项的目的就是在保留所有特征的前提下，对过大的系数进行惩罚，使其降低。

2. 殊途同归 —— 不同惩罚项

通过前面的介绍，已经对 Ridge 回归和 LASSO 回归有了基本的了解，接下来比较一下这两种压缩系数的回归方法有何不同。

这两种方法的不同几乎完全来源于它们的惩罚项的不同，Ridge 回归的惩罚项是 L1 范数，而 LASSO 回归的惩罚项是 L2 范数。为了更好地说明这种差异所带来的区别，我们考虑一个具体的例子，在这个例子中，只有两个预测指标，也就是说只有 β_1,β_2 两个系数，如果把优化问题表现在二维坐标系上，那么就能直观地看出两者的区别，如图 3.2 所示。

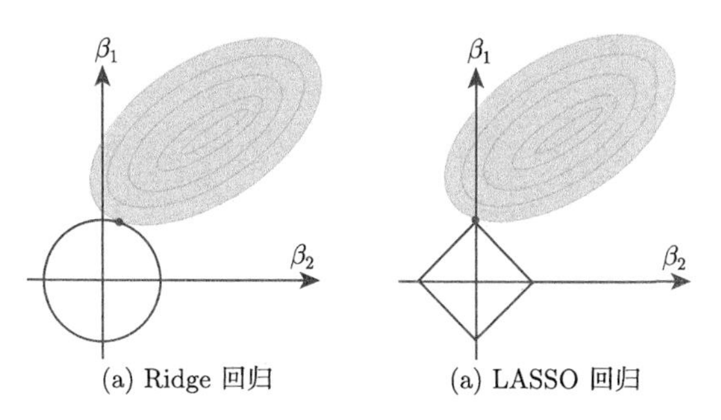

(a) Ridge 回归 (a) LASSO 回归

图 3.2 Ridge 回归与 LASSO 回归对比 (后附彩图)

在图 3.2 中，两个红色的点就是我们要找的最优解。可以很明显地看出来，对于 Ridge 回归而言，当达到最优解时 β_1, β_2 都是大于 0 的，但是对于 LASSO 回归而言就不是这样，β 的值是可以取到 0 的[8]。

3.3 用 LASSO 回归预测重要能源价格

煤炭产业关系到国计民生，对于需要用煤的实体企业而言，如果能比较准确地预测未来一段时间内的价格趋势，那么对于调节库存管理、控制风险都有很大的帮助。在这一部分，将应用 LASSO 回归来对动力煤的周度价格进行预测。

3.3.1 预测框架 —— 理解行业逻辑

我们知道，影响价格的最本质因素就是供应与需求。因此在选择预测指标的时候，应该主要寻找可以较好地反映供需的指标。此外，还需要考虑产品成本、行业动向、宏观经济和国际市场等因素。基于此，我们根据类别给出具体的预测指标：

(1) 宏观经济指标大类。

货币供给：M2。

价格指数：CPI、PPI。

利率：3 月国债收益率、10 年国债收益率。

(2) 行业指标大类。

供需指标：秦皇岛煤炭库存、六大电厂库存、秦皇岛锚地船舶数、六大电厂耗煤量、动力煤产量、东南沿海主要城市平均气温。

产品成本：海运费均价。

国际市场：纽斯卡尔 NEWC 动力煤现货价、布伦特 DTD 原油现货价。

部分变量背后的逻辑可以用图 3.3 来说明。

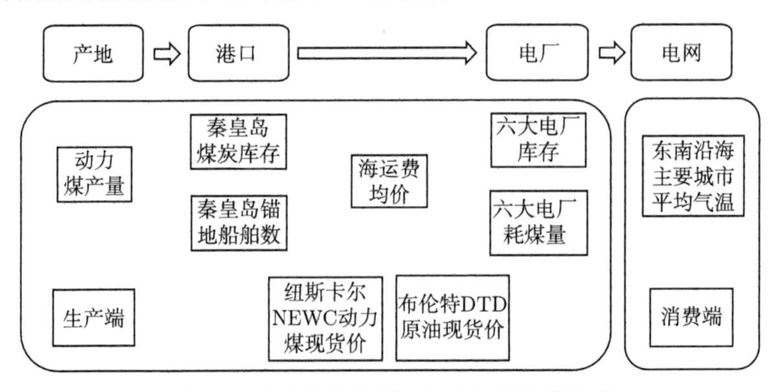

图 3.3 动力煤价格预测主要变量逻辑关系

3.3.2 数据清洗

在明确了我们的预测目标和用来预测的指标之后，接下来要做的是对数据进行一个简单的筛查。各个指标的频率是什么？完整度怎么样？时间跨度有多大？缺失的比例有多少？这些都是开始搭建模型前最基本的工作。然后，要对数据进行清洗。在这里，主要做的是数据调频、缺失值处理等工作。

由于我们是预测周频的价格，所以首先要把所有的数据都调成周频的。在调整频率时面临的主要问题有：① 低频转高频时该怎么做？是插值还是复制前值？② 高频转低频时使用平均值还是最后一个值？这里，对于第一个问题直接复制前值。以 CPI 为例，因为一个月只有一个 CPI，所以我们有连续四周的 CPI 是一样的。对于第二个问题，不同的指标有不同的取法。利用 Python 中的 pandas 库的 resample 函数，实现调频是很简单的。

```
data_W = data.resample('W').mean() #取平均值
data_W = data.resample('W').last() #取最后一个值
```

调频完成之后我们来处理缺失值。缺失值对于宏观指标或者行业指标来说并不少见，最常用的处理办法就是用前值填充，也就是默认缺失的数值和之前最近的数值是一样的。当然，也有更加复杂的填充办法，比如用前几个数值的平均值来填充等，在此不予详细介绍。这里我们采用最简单的前值填充就可以。利用 Python 中的 pandas 库的 fillna 函数，完成前值填充是很简单的。

```
data_W = data_W.fillna(method='ffill')#取平均值
```

现在我们有了准备好的数据，但是在开始搭建模型之前，最好对数据先预加工一下，把数据变成可以直接成为模型输入的数据结构。具体来说，首先是把数据整理成一个完整的 DataFrame (一种 pandas 的数据类型)，然后再将动力煤价格数据往前挪一期，这是因为预测的时候就是用当期数据预测下一期数据，所以训练的时候也要这样对应，最后把数据分成两部分，即特征集 (预测指标数据) 和标签集 (被预测对象数据)。这一部分的 Python 代码是：

```
#用feature_f表示所有指标(预测指标和被预测对象)的DataFrame
features_f['Q5500'] = features_f['Q5500'].shift(-1)
#Q5500是动力煤期货的规格列名
X_use = features_f.drop('Q5500', 1)
Y_use = features_f['Q5500']
```

3.3.3 模型初试 —— 让模型跑起来

现在有了准备好的数据，就可以初步训练我们的模型了。这里选用的是 LASSO 回归的方法，出于便捷性和算法优化的考虑，不再用基础代码实现 LASSO 回归，而是选择用 Python 中的 sklearn 库的 linear_model 中的 Lasso 对象，这样做更加方便快捷而高效。调用的代码是：

```
from sklearn.linear_model import Lasso
```

LASSO 对象有很多可以选择的参数，下面讲解几个关键的参数是何意义。关于完整的参数，读者可以去官方文档里自行学习。

最重要的参数就是 alpha，它就是我们前面介绍的 LASSO 回归的正则项的惩罚系数，也就对应着之前提到的 lambda, 这个参数越大意味着系数缩减的力度越大。normalize 是一个布尔 (bool) 型参数，它的含义是：是否对预测指标进行标准化处理，True 表示是，False 表示否。max_iter 是指在求解系数时的最大循环次数，tol 是指优化时的误差容忍度。

在这里，我们可以先用一些经验性的参数试一试。

```
Reg = Lasso(alpha=0.6, normalize=True, max_iter=1e6, tol=1e-5)
```

现在就分出测试集和训练集来看看模型的大致效果如何。分出训练集和测试集，用 Python 中 sklearn 中的 model_selection 库的 train_test_split 函数是一件很简单的事情，代码如下：

```
X_train, X_test, Y_train, Y_test =\
    train_test_split(X_use, Y_use,
        train_size=0.8,
        test_size=(1-0.8),
        shuffle=shuffle, random_state=34)
```

如上代码所示，我们用 80% 的数据来做训练集，其余来做测试集。

接下来，就可以训练模型并查看在训练集上的情况如何。

```
Reg.fit(X_train, Y_train)
Y_pred_train = Reg.predict(X_train)
Y_comp_train = pd.DataFrame(Y_train)
Y_comp_train['Exp'] = Y_pred_train
Y_comp_train['Err_v'] = abs((Y_comp_train['Q5500']-Y_comp_train[
    'Exp'])/(Y_comp_train['Q5500']))
Y_comp_train['Err'] = Y_comp_train['Err_v'] < self.accu
print ("训练集上的拟合优度=",round(Reg.score(X_train, Y_train), 2)
    )
print ("训练集上 %.4f 准确率="%self.accu,round(Y_comp_train['Err'
    ].sum()/len(X_train),3))
```

从模型结果我们看到，训练集上的拟合优度为 0.91，训练集上误差在 5% 以内的准确率为 0.573。

再在测试集上看看训练的模型效果如何：

```
Y_pred_test = Reg.predict(X_test)
Y_comp_test = pd.DataFrame(Y_test)
Y_comp_test['Exp'] = Y_pred_test
Y_comp_test['Err_v'] = abs((Y_comp_test['Q5500']-Y_comp_test['
    Exp'])/(Y_comp_test['Q5500']))
Y_comp_test['Err'] = Y_comp_test['Err_v'] < self.accu
self.Y_comp_test = Y_comp_test
print ("测试集上 %.4f 准确率="%self.accu, round(Y_comp_test['Err'
    ].sum()/len(X_test),3))
print ("测试集误差均值=", round(Y_comp_test['Err_v'].mean(), 4))
```

从模型结果我们看到，在测试集上误差在 5%以内的准确率为 0.5，测试集的误差均值为 8.2%，具体图形见图 3.4。

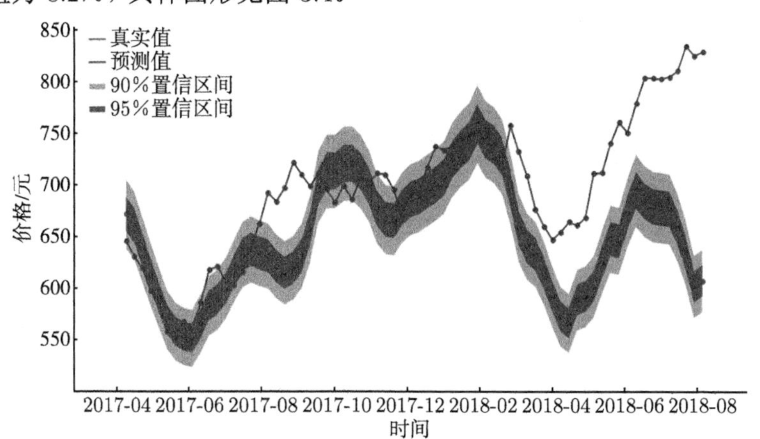

图 3.4 LASSO 模型优化前预测效果图 (后附彩图)

图 3.4 中，红色线表示动力煤的真实价格，蓝色线表示模型的预测值，深蓝色阴影区域表示 5%的误差范围，也就是真实值加减 5%的范围，浅蓝色阴影区域表示 10%的误差范围。

3.3.4 如何改进 —— 提高预测精度

根据目前的预测效果来看，存在以下几个问题：

首先，误差在 5%以内的准确率只有 0.5，也就是说一半预测点的误差都在 5%以上，预测效果不太理想。

其次，2018 年以后的预测效果变得尤其差，甚至连涨跌的趋势都没有预测正确。

针对这两个问题，我们需要考虑怎么优化预测效果。通常能够做的第一步就是对参数进行优化，就是我们常说的“调参”。在 LASSO 回归中，我们可以调整的参数其实很有限，最核心的参数就是 alpha，也就是惩罚系数。

由于我们也不知道哪个参数最好，所以优化参数最常用的方法就是网格搜索。网格搜索的想法就是“地毯式”搜索，把所有可能的参数的组合都跑一遍，然后根据选定的标准来决定要用哪一组参数作为最终的参数。利用 Python 来进行网格搜索是很方便的，用 sklearn 中 model_selecrion 中的 GridSearchCV 方法即可。由于我们只有一个参数需要优化，所以就不用这个方法了，用循环遍历的方法即可。读者若是想学习 GridSearchCV 方法的使用，可以自行搜索网络资源进行学习。

我们把 alpha 的数值从 0.10 到 1.00 每隔 0.10 依次尝试，以测试集上 5%误差以内的准确率和测试集上的误差均值为标准来寻求最优参数。结果如表 3.1 所示。

表 3.1 LASSO 模型参数优化结果一览

alpha	5%误差准确率	误差均值
0.10	0.343	0.108
0.20	0.400	0.095
0.30	0.429	0.090
0.40	0.471	0.097
0.50	0.471	0.084
0.60	0.500	0.080
0.70	0.500	0.080
0.80	0.590	0.078
0.90	0.514	0.076
1.00	0.500	0.075

从表 3.1 看出，当 alpha=0.80 时，5%误差准确率达到了最优，误差均值接近最优，但其实都没有达到理想的标准。我们可以看一下当 alpha=0.80 时呈现的效果。

我们对比优化前 (图 3.4) 和优化后 (图 3.5) 的两张图可以看出，对 alpha 的优化效果微乎其微，两张图的预测效果极为相似，无论是在数值上还是在波动结构上都没有本质上的改变。这说明，在这个问题中，alpha 的数值 (或者说是系数的压缩程度) 并不是影响最终预测效果的核心因素。更准确地说，alpha 的优化对我们改进预测效果是没有意义的。因此有必要仔细分析目前预测的效果以及底层的数据，看看问题出在哪里。

仔细观察参数优化前 (图 3.4) 和参数优化后 (图 3.5) 的预测效果图，可以发现，2018 年之前的预测效果是比较理想的，但是 2018 年之后的预测效果就变得很差，预测的价格和实际的价格偏离非常严重。似乎 LASSO 回归的方法在 2018 年前是有效的但是在 2018 年以后就失效了。在目前的模型中，我们用训练集数据训练出来的回归模型系数是固定的，所以问题就在于这一套回归系数在 2018 年之前是可用的，但是在 2018 年之后就不适用了。

基于此，我们可以尝试用一个滚动模型去解决这个问题，也就是说在每一期我们都会重新利用之前的 N 期去训练一个模型，然后用这个模型来预测下一期的价格。这样，能够保证模型的系数随着时间而发生变化，因此，我们希望我们的模型总是能够捕捉到最近的变动，进而长期有效。LASSO 滚动模型的逻辑示意图如图 3.6 所示。

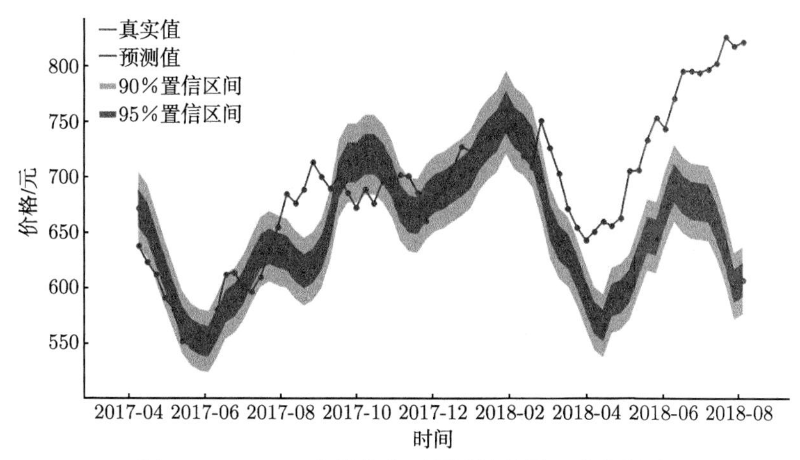

图 3.5 LASSO 参数优化后预测效果图 (后附彩图)

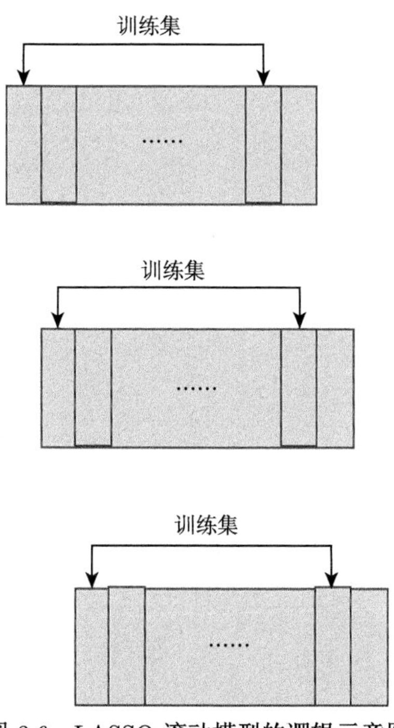

图 3.6 LASSO 滚动模型的逻辑示意图

要用代码实现滚动模型也是比较简单的，只需要用一个大的循环即可。同样的，利用滚动模型也需要优化参数，在滚动模型中除了需要优化 alpha 之外，还有一个非常重要的参数是滚动的窗口长度，也就是每次用多少期的数据作为训练集。如果滚动窗口长度太短，那么很有可能模型不收敛因而失效；如果滚动窗口长度太长，那么很有可能在窗口内部变量之间的关系已经发生了结构性的变化，就失去了使用滚动模型的意义。所以，有必要寻求最优的 alpha 和窗口长度的参数组合。这里的方法和前面提到的方法是类似的，因此在这里不再赘述。我们直接给出滚动模型的核心代码和优化后的结果。

```
total_num = len(X_use)-wind
pred = []
last = lambda x: x[-1]
Y_comp_test = pd.DataFrame(Y_use).rolling(wind+1).apply(last).
    dropna()
for i in range(total_num):
Reg = Lasso(alpha=alpha,
 normalize=True,
 max_iter=1e6,
 tol=1e-5)
X_train, Y_train=X_use.iloc[i:wind+i-1], Y_use.iloc[i:wind+i-1]
Reg.fit(X_train, Y_train)
X_pred = X_use.iloc[wind+i]
Y_pred = float(Reg.predict(np.column_stack(X_pred)))
pred.append(round(Y_pred, 2))
```

图 3.7 是利用 LASSO 滚动模型的预测效果图，其中 alpha=0.6，窗口长度设定为 15。

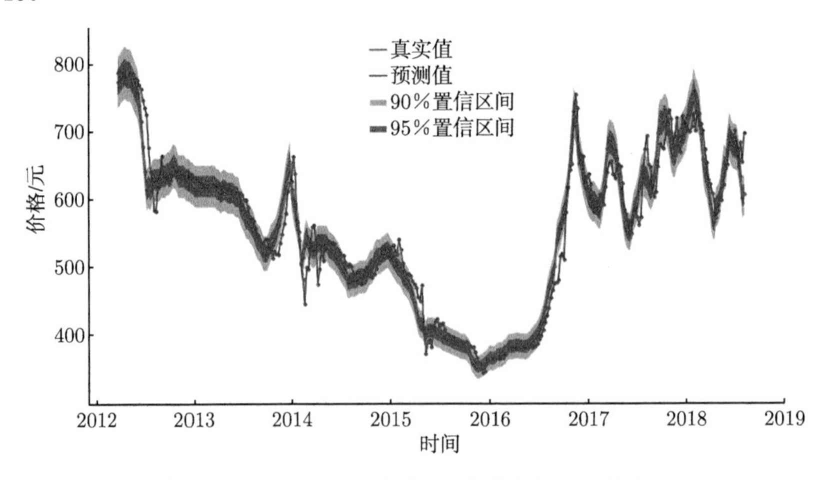

图 3.7　LASSO 滚动模型的预测效果图 (后附彩图)

我们得到的结果中误差在 5%以内的准确率为 77.8%，误差均值是 3.38%。

从图形来看，无论是在 2018 年前还是 2018 年后，我们的预测效果都是比较理想的，所以利用滚动模型可以比较好地解决简单利用 LASSO 回归造成的问题。但是，模型还有进一步改进的空间，如果仔细观察就能发现，我们的预测值相对于实际值总是滞后的。滞后带来的最大问题就是当处在拐点上时，不能很好地预测未来将会出现反向趋势，而会认为原来的趋势将延续下去。如果碰到的市场是反复震荡的情形，那么预测效果就会很差。

在本章，首先从线性回归出发，介绍了 Ridge 回归和 LASSO 回归两种压缩系数的回归方法，并且从原理出发比较了这两种方法的差异。然后，利用 LASSO 回归的方法预测了动力煤的周度价格。希望读者通过阅读本章能够对压缩系数的回归方法有所了解并且可以运用到实际中。

3.4 LASSO 回归总结以及延伸应用

LASSO 回归是基于最小二乘法而发展的一种压缩系数的回归方法，它适用于解决回归项过多而不知道如何取舍的问题。当模型被训练后，我们会得到压缩过的系数，也就是说，模型会帮助我们对各个回归项做出取舍。

在用 LASSO 回归预测动力煤价格时，我们用到了滚动训练的方法来解决预测效果突然变差的问题。采用滚动训练的方式后，我们的预测精度一直稳定在一个比较理想的水平，因此读者可以举一反三，碰到类似的情况，可以考虑采用滚动训练的方式来解决。当然，目前的模型肯定不是完美的，还有很大的改进空间，读者可以自行思考改进。

LASSO 回归除了可以用于动力煤价格的预测，还可以用于各种宏观经济指标的回归预测，比如在宏观领域重要的指标：生产价格指数、消费者价格指数。

第 4 章　朴素贝叶斯方法在财务报表分析中的应用

近些年来，有关自动化处理上市公司财务报表的方法成为各大金融机构研究部门和金融科技公司研究的热点。对财务报表的研究，传统上是由各个金融机构的行业研究员完成的，但是随着机器学习算法和人工智能方法的发展，越来越多的财务报表信息可以由电脑程序来挖取。本章以有监督机器学习方法中的朴素贝叶斯估计为例，介绍如何通过算法预测下一季度财务质量较好的公司。

4.1　通过三大报表推演企业未来财务

财务报告是反映企业财务状况和经营成果的书面文件，包括资产负债表、利润表、现金流量表、所有者权益变动表 (新的会计准则要求在年报中披露)、附表及会计报表附注和财务情况说明书。一般国际或区域会计准则都对财务报告有专门的独立准则。根据有关规定，上市公司必须披露定期报告。定期报告包括年度报告、中期报告、第一季报、第三季报。根据中国证监会《上市公司信息披露管理办法》第二十条规定，年度报告应当在每个会计年度结束之日起 4 个月内，中期报告应当在每个会计年度的上半年结束之日起 2 个月内，季度报告应当在每个会计年度第 3 个月、第 9 个月结束后的 1 个月内编制完成并披露。

财务报告具有非常重要的作用。财务报告是国家进行经济宏观调控的依据，为主管部门、投资者、债权人及其他外部单位和部门提供信息，为单位内部的经营管理者提供必要的信息，并且能够促进社会资源的合理配置。因此，如何从各式各样的财务数据中挖掘有效信息，从而甄别出财务质量好的公司，是每个投资者都非常感兴趣的问题。

上述提出的问题是一个典型的机器学习预测问题。所谓机器学习预测，通俗地讲，就是将数据输入程序，通过一定的算法，使得机器得到类似于人们思考之后得出的结果。机器学习也正是人工智能的体现。我们可以将这个问题简单化。首先，选择一个好的财务指标作为判断这个公司财务质量的标准，并通过一定的分类方法，将公司分为财务质量好和财务质量差这两大类，这样我们就把问题转化为二分类预测问题；其次，对于给定的公司，只对公司下一季度财务数据的好坏进行预测。下面以朴素贝叶斯为例，对下一季度公司净资产收益率 (rate of return on common stockholders’equity，ROE) 的好坏进行分类。

4.2 朴素贝叶斯理论介绍

早在 20 世纪 50 年代，朴素贝叶斯 (naive Bayes) 模型就开始被广泛地研究，并在文本分类领域得到了大量的应用，比如利用词频作为特征来识别垃圾文件，对新闻进行分类等。朴素贝叶斯思想十分简单，当特征的维度较高时，它表现出了非常高效的分类效果。下面我们首先介绍贝叶斯决策理论的思想和贝叶斯公式，再介绍朴素贝叶斯的原理和应用。

4.2.1 贝叶斯理论的思想

对于一个分类问题，我们首先要明确的是：问题是什么？它是我们得到了一组关于事物特征的描述，却见不到事物本身，我们需要利用过去的经验去推测拥有这些特征的事物最可能是什么。朴素贝叶斯算法就是利用了贝叶斯公式，在给定事物特征的条件下

$$P(Y|X) = \frac{P(X|Y) \times P(Y)}{P(X)}$$

$P(Y|X)$ 是一个条件概率 (conditional probability)，是指在事件 X 已经发生的条件下，事件 Y 的发生概率。它可以由两个事件独立发生的概率 $P(X)$、$P(Y)$ 和条件概率 $P(X|Y)$ 按上述公式计算得出。前面所述的事物特征是公式中的 X，而我们的目标是根据 X 去推测 Y 所属的分类。因为 Y 的类别有很多种可能，所以我们的猜测并不唯一。在给定一个被遮住的动物拥有四条腿、两个角的条件下，我们既可以猜测它是山羊，也可以猜测它是藏羚羊 (当然也有别的动物品种，这里简化了)。但幸运的是，我们可以利用过去的经验赋予这些猜测不同的权重，在这个例子里，根据生活经验我们知道这个动物是山羊的概率要远大于藏羚羊。贝叶斯算法的原则就是：对于给定条件 X，我们将 Y 划分至类别 y，y 满足 $y = \operatorname{argmax}\{P(y_1|X), P(y_2|X), \cdots, P(y_n|X)\}$，即选取事件发生可能性最大的类别作为划分结果。

$P(Y|X)$ 被称为后验概率 (posterior probability)，那么，我们要怎样计算 $P(Y|X)$ 从而对当前情况完成分类呢？利用贝叶斯公式可以把概率拆分成三部分：对于不同的 Y，$P(X)$ 的概率是相同的，因为 X 单独发生的概率与 Y 无关。因此，分类问题中我们只需要比较 $P(X|Y) \times P(Y)$ 的大小而不需要真正计算出准确的概率。我们把 $P(Y)$ 称为先验概率 (prior probability)，即在获得证据之前推断的概率。通常，可以用个人的专业知识预先设定一个主观的先验概率，但在给定历史数据的情况下，也可以简单通过历史数据计算出客观先验概率。比如在之前的例子中，既可以简单认为藏羚羊数量：山羊数量等于 1:10000，即 $P(Y = \text{藏羚羊})$: $P(Y = \text{山}$

羊)=1:10000，也可以花费人力去真实统计世界上两种羊的数量之比来得到准确的先验概率。

4.2.2 朴素贝叶斯方法

由上文的介绍可知，分类问题中我们只需要比较 $P(X|Y)\times P(Y)$ 的大小而不需要真正计算出准确的概率，其中 $P(Y)$ 的估计是比较简单的，但是 $P(X|Y)$ 的估计比较复杂。朴素贝叶斯之所以“朴素”是因为其把问题简单化了：假设不同特征之间相互独立。因此对于最后一项 $P(X|Y)$，可以拆解成 $P(x_1|Y)P(x_2|Y)\cdots P(x_d|Y)$ 来计算，这样极大地降低了计算概率需要估计的参数数量和估计难度，而且对于多分类问题的复杂度不会有很大提高。朴素的假设自然也会有一些代价，很多时候这样的假设会与问题不符，从而影响分类的准确性：比如拥有眼睑和拥有眼睛这两个特征之间明显会存在相关性。

朴素贝叶斯方法的具体定义如下：

(1) 设 $X=x_1,x_2,\cdots,x_d$ 为一个待分类项，每个 x_i 为 X 的一个特征属性。

(2) 设 $X=x_1,x_2,\cdots,x_d$，计算 $P(y_1|X),P(y_2|X),\cdots,P(y_n|X)$，即 X 属于每个类别的条件概率。根据贝叶斯公式和朴素贝叶斯的假设，我们需要比较 $P(X|Y)\times P(Y)$ 的大小，并且将 $P(X|Y)$ 拆解为 $P(x_1|Y)P(x_2|Y)\cdots P(x_d|Y)$ 来计算。

(3) 如果 $P(y_k|X)=\max\{P(y_1|X),P(y_2|X),\cdots,P(y_n|X)\}$，那么 X 属于类别 k.

4.2.3 朴素贝叶斯方法的参数估计

朴素贝叶斯方法是监督机器学习方法，同时也是参数方法，需要对总体分布进行估计。通常我们都对总体分布采取正态假设。举例而言，假如我们要将股票按照收益率的高低分为 n 类，则股票 X 的分类 Y 取值于 $y_1,y_2,\cdots,y_n$ 这个集合。我们假设每个股票 X 有 d 个特征 (特征可以是净资产收益率 (ROE)、市盈率 (PE)、流通市值等任意的指标，总共有 d 个)。对于 $Y=k$ 类的股票，我们假设其特征 X 服从 d 维多元正态分布，即

$$N(X;\mu_k,\Sigma_k)=\frac{1}{(2\pi)^{d/2}}\exp\left(-\frac{1}{2}(x-\mu_k)^{\mathrm{T}}\Sigma_k^{-1}(x-\mu_k)\right)$$

这里需要使用极大似然估计法对 μ_k 和 Σ_k 进行估计，此处不再赘述，感兴趣的读者可以自行研究。朴素贝叶斯假设了对于不同的类别 Y，特征分布的参数是不同的。根据极大似然估计法，我们可以得到各个类别特征的参数估计值，由此估计出不同类别的概率分布函数来得到条件概率。

朴素贝叶斯方法的优点在于算法逻辑简单，易于实现 (算法思路很简单，只要使用贝叶斯公式转化)；计算过程中对时间和空间的要求都不高 (假设特征相互独

立，只会涉及二维存储)，在数据量较大时依然计算简便。朴素贝叶斯的缺点在于假设特征之间相互独立，这种假设在实际过程中往往是不成立的。特征之间相关性越大，分类误差也就越大。除此之外，贝叶斯方法是参数方法，对于总体的概率分布的估计不一定准确，对先验概率的估计可能存在主观偏差。

后续章节将带领读者初步尝试朴素贝叶斯方法在投资、金融领域中的应用。

4.3 用朴素贝叶斯方法对企业未来财务的预测

4.3.1 分析框架

根据有效市场假说，在弱有效市场中，只依据价格和成交量的技术分析 (technological analysis) 方法在选股中就失效了；如果我们想要获得更有用的信息，就要从基本面分析 (fundamental analysis) 入手。所有在 A 股上市的公司都会在每个季度公布公司在指定会计季度的财务报告，如何从复杂的财务报告中挖掘有效信息是每个投资者都关心的问题。

前文已经介绍过朴素贝叶斯方法，下面就以朴素贝叶斯方法为例，利用 Wind 数据库中提供的数据集，对我们感兴趣的财务数据进行预测。ROE 是衡量上市公司盈利能力的重要指标，指一段时间内利润额与平均股东权益的比值。ROE 越高，说明投资带来的收益越高；ROE 越低，说明企业所有者权益的获利能力越弱。该指标体现了自有资本获得净收益的能力，是传统多因子选股里盈利因子的重要代表。杜邦分析法就是对 ROE 进行分解，对公司进行分析。接下来我们尝试将 ROE 作为预测指标，使用朴素贝叶斯方法进行预测。具体来说，分析框架如下：

(1) 由于 ROE 在各个行业以及各个季度的数值的量级都不一样，因此需要分行业对 ROE 进行预测。因为 ROE 在各个季度的数值大小都不一样，具有明显的周期性，所以对 ROE 的具体值做预测显得不那么明智。实际应用中，我们更希望识别出高 ROE 的公司，因此我们考虑将每个行业内各个季度的股票的 ROE 数值按照一定的比例进行 0-1 分类，从而进行分类预测。

(2) 对 ROE 分好类之后，将当季度的财务数据作为输入变量，下季度的分好类后的 ROE (0-1 变量) 作为输出变量，在时间序列上划分训练集和测试集 (比如将 2008 年 3 月至 2018 年 12 月的数据作为数据集，将 2008 年 3 月至 2016 年 3 月的数据作为训练集，2016 年 6 月至 2018 年 12 月的数据作为测试集)。不使用交叉验证的方法划分数据集的原因是，我们希望得到模型的近期表现而不是在整个时间区间里的表现；此外，使用近期的数据作为测试集便于分析预测错误的样本。

(3) 训练集和测试集划分好后，在训练集上训练朴素贝叶斯模型并在测试集上验证其准确性，对预测结果进行分析。注意我们选择的是固定的训练集和测试集，而不是滚动的训练集。这样做的目的，一方面是节省运算时间，每个行业最终只运行一个朴素贝叶斯模型；另一方面，滚动划分训练集和测试集的结果与固定训练集和测试集的结果差别不大，这里不再对其结果进行讨论。

4.3.2　数据准备

上海万得信息技术股份有限公司 (Wind 资讯) 是中国领先的金融数据、信息和软件服务企业，总部位于上海陆家嘴金融中心。在金融财经数据领域，Wind 资讯已建成国内较完整、较准确的以金融证券数据为核心的一流大型金融工程和财经数据仓库，数据内容涵盖股票、基金、债券、外汇、保险、期货、金融衍生品、现货交易、宏观经济、财经新闻等领域。针对专业投资机构、研究机构、个人投资者、金融学术机构、金融监管机构等不同的需求，Wind 资讯开发了一系列围绕信息检索、数据提取、投资组合管理应用等领域的专业分析软件与应用工具。用户可以通过 Wind 资讯金融终端在线使用我们提供的全方位金融信息和服务。

我们使用 Python 软件进行接下来的数据分析。Wind 资讯量化研究数据库中的中国 A 股财务指标 (A share financial indicator) 提供了每个季度的财务数据统计，包括公司的公告日期、报告期、Wind 代码以及经营活动净收益、企业自由现金流量、基本每股收益等 172 个变量。由于财务数据是季度披露的，我们选择的时间尺度是 2008 年 3 月到 2018 年 9 月共计 43 个季度的数据。原始的数据集中共有 128217 个样本、172 个变量。总数据储存在 data.csv 数据集中，读入数据的代码如下：

```
1 data = pd.read_csv('data.csv', index_col = 0)
```

下面我们进行数据预处理。首先考虑数据的有效性，数据集中缺失数据较多的变量需要被删去。我们将缺失数据超过 20% 的列删去，此时剩下 152 个变量。对于缺失数据，由于财务数据在各个行业中的数据尺度不一样，我们选择使用行业中位数进行填充。

接下来对变量进行进一步筛选。其中，'OBJECT_ID' (对象 ID)、'S_INFO_WINDCODE' (Wind 代码)、'ANN_DT' (公告日期)、'CRNCY_CODE' (货币代码)、'S_INFO_COMPCODE' (公司 ID)、'OPDATE' (操作时间)、'OPMODE' (公司名称) 这 7 个变量无用，需要删去；此外为了便于检索和编程，我们将 'REPORT_PERIOD' (报告期)、'WIND_CODE' (Wind 代码) 作为数据集的标签 (multiple index)。此时数据集剩下 143 个变量。这两部分的代码如下所示：

```
1 def delecting_col(x, percentage): #在总表里删除有效数据不足的列
2 pct = []
```

```
for i in range(len(x.T)):
pct.append(x.iloc[:, i].count() / len(x.iloc[:, i]))
x1 = pd.DataFrame(data = np.matrix(pct), columns = x.columns)
x = x.append(x1, ignore_index = True)
x = x[x.iloc[-1, :][x.iloc[-1, :] > percentage].index]
x = x.drop(x.index[-1])
return x

def clearup_data(x): #x是总表, 删除用不到的列, 并重命名索引
x = x.drop(['OBJECT_ID', 'S_INFO_WINDCODE', 'ANN_DT', 'CRNCY_CODE', 'S_INFO_COMPCODE', 'OPDATE', 'OPMODE'], axis = 1)
x = delecting_col(x, 0.8)
x = x.set_index(['REPORT_PERIOD', 'WIND_CODE'])
return x

def fillna_median(df): #用df的每一列的中位数填充缺失值
for column in list(df.columns[df.isnull().sum() > 0]):
median_val = df[column].median()
df[column].fillna(median_val, inplace=True)
return df

data = delecting_col(data, 0.8)
data = clearup_data(data)
```

下面我们考虑数据集的按行业分割。前面讲过，不同行业的财务数据指标相差甚远，我们需要分行业做预测。市场上有很多行业分类标准，这里我们选用申银万国行业分类标准，分别对 28 个申万一级行业 (参照申银万国发布的行业分类标准) 里的公司进行分析。需要注意的是，由于银行和非银金融这两个行业的财务数据类型和其他行业不同，所以不对这两个行业的公司进行分析。各个行业的股票代码储存在 industry_index.csv 数据集中，储存格式就是公司股票的 Wind 代码，与之前的 Wind 代码相对应。读取行业股票代码的代码如下：

```
industry_index = pd.read_csv('industry_index.csv', index_col = 0)
industry_col = industry_index.columns.tolist()
industry_col.remove('801780.SI')
industry_col.remove('801790.SI')
```

接下来我们对 ROE 按照数值大小进行标签划分，高 ROE 的股票标签记作 1，低 ROE 的股票标签记作 0。在本案例中，将各个行业内每个季度 ROE 排名前 10% 的股票记作 1，其余记作 0。用作分类的代码如下所示：

```
def Score(a):
b = np.percentile(a, 80)
c = np.percentile(a, 80)
```

```
4  a0 = a.copy()
5  a0[a < c] = 0
6  a0[a >= b] = 1
7  a0[(a < b) & (a >= c)] = 2
8  return a0
9
10 def get_indicator(x, indicator): #会返回一个分好类别的series。对于该
       指标缺失的数据，这里用的方法是直接删除
11 group = x.groupby(level = 0)
12 a = group[indicator].apply(Score)
13 return a
```

4.3.3 模型测试

在数据准备好之后，对数据集进行初步的探索。模型测试的代码如下所示：

```
1  from sklearn.naive_bayes import GaussianNB #载入朴素贝叶斯包
2
3  def mainprocess(indicator, backtestdate, method): #backtestdate
       以字符串形式的8位日期输入，如'20160630'
4  score_matrix = []
5  recall_matrix = []
6  trainsample_ratio = []
7  one_ratio = []
8  if method == 'Bayes':
9  for j in industry_col:
10 x = get_industry(data, j)
11 a = x[indicator]
12 x = x.drop(a[a.isnull()].index)
13 x['Indicator'] = get_indicator(x, indicator)
14 x = fillna_median(x)
15
16 DateLine = x.index.levels[0]
17 clf = GaussianNB()
18 index_list = []
19
20 train_collect =[]
21 target_collect = []
22 test_collect = []
23 actual_collect=[]
24
25 for i in range(len(DateLine)):
26 datelist = DateLine.tolist()
27 i_index = datelist.index(backtestdate)
28 if i <= i_index:
29 for stock in x.loc[DateLine[i]].index:
30 if (DateLine[i + 1], stock) in x.index:
```

```
31 train_collect.append(x.loc[DateLine[i]].loc[stock].values[:-1].
       tolist())
32 target_collect.append(x.loc[DateLine[i + 1]].loc[stock].values
       [-1])
33 index_list.append((DateLine[i + 1], stock))
34 if target_collect[-1] == 2:
35 train_collect.pop(-1)
36 target_collect.pop(-1)
37 index_list.pop(-1)
38 elif i < len(DateLine) -1:
39 for stock in x.loc[DateLine[i]].index:
40 if (DateLine[i + 1], stock) in x.index:
41 test_collect.append(x.loc[DateLine[i]].loc[stock].values[:-1].
       tolist())
42 actual_collect.append(x.loc[DateLine[i + 1]].loc[stock].values
       [-1])
43 if actual_collect[-1] == 2:
44 actual_collect[-1] = 0
45 index_list.append((DateLine[i + 1], stock))
46 trainsample_ratio.append(len(train_collect) / (len(train_
       collect) + len(test_collect)))
47 one_ratio.append(np.sum(actual_collect) / len(actual_collect))
48 print(one_ratio[-1], trainsample_ratio[-1], j)
49 
50 score0 = [0]
51 recall0 = [0]
52 clf.fit(train_collect, target_collect)
53 test_predict = clf.predict(test_collect)
54 conf_mat = confusion_matrix(actual_collect, test_predict)
55 score = conf_mat[1][1] / (conf_mat[0][1] + conf_mat[1][1])
56 recall = conf_mat[1][1] / (conf_mat[1][0] + conf_mat[1][1])
57 score0.append(score)
58 recall0.append(recall)
59 outcome = pd.DataFrame(index = index_list, data = np.hstack((np.
       array(target_collect), test_predict)))
60 outcome['TRUE'] = np.hstack((np.array(target_collect), actual_
       collect))
61 outcome.to_csv('outcome' + j + '.csv')
62 score_matrix.append(score0)
63 recall_matrix.append(recall0)
64 return score_matrix, recall_matrix
65 
66 indicator = 'S_FA_ROE'
67 backtestdate = 20160630
68 method = 'Bayes'
69 score_matrix, recall_matrix = mainprocess(indicator,
       backtestdate, method)
```

我们选择 2008 年 3 月至 2016 年 6 月的数据作为训练集，2016 年 9 月至 2018 年 9 月的数据作为测试集。注意到在本案例中，由于我们是用本季度的财务数据预测下一季度 ROE 的排名，因此要求选入的公司必须连续两个季度都有财报披露。要考虑使用什么指标来评判我们预测的标准，常用的机器学习预测指标有准确率 (accuracy)、精确率 (precision) 等。在二分类问题中，它们的定义可以由图 4.1 解释。

$$\text{准确率} = \frac{\mathrm{TP}+\mathrm{TN}}{\mathrm{TP}+\mathrm{TN}+\mathrm{FP}+\mathrm{FN}}$$

$$\text{精确率} = \frac{\mathrm{TP}}{\mathrm{TP}+\mathrm{FP}}$$

		预测类别		
实际类别		Yes	No	总计
	Yes	TP	FN	P (实际为 Yes)
	No	FP	TN	N (实际为 No)
	总计	P′ (被分为 Yes)	N′ (被分为 No)	P+N

图 4.1　二分类问题中准确率的定义

可以看到，本案例是一个典型的样本不平衡问题。如果采取准确率作为预测指标，即使将全部样本预测为 0，也有 90%的准确率，因此使用准确率作为预测指标是不正确的。结合实际背景，我们更关心预测下季度为高 ROE 的股票，它是高 ROE 的股票的概率有多大，因此需要采用精确率作为预测的指标。初步的预测结果如图 4.2 所示。

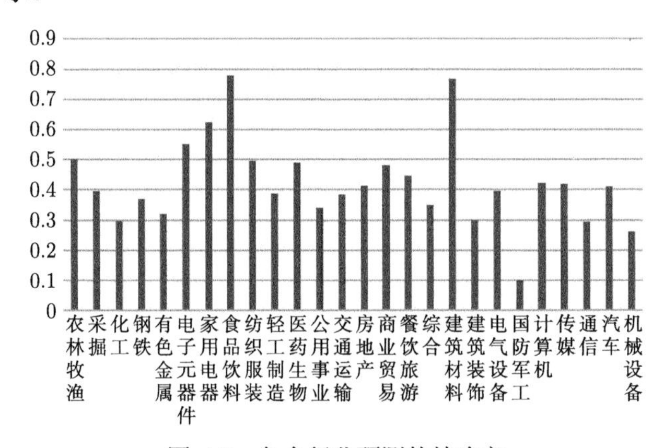

图 4.2　各个行业预测的精确率

可以看到，大部分行业预测的精确率在 40%左右，但是不同行业间预测精确率的差距非常大。接下来我们进一步考虑对模型的改进。

4.3.4 模型改进

不同于其他机器学习模型，朴素贝叶斯模型里可调参的参数较少。结合其他用朴素贝叶斯方法做过的案例可以得出，调参对朴素贝叶斯模型的准确性影响不大。这是由于朴素贝叶斯模型对问题进行了许多假设，除了先验概率的大小，并没有其他可以调整的参数。

在参数估计问题中，对总体分布的估计是一个难题。传统的方法是先检验样本是否拟合给定的分布。在本问题中，由于数据量较大，由中心极限定理可知样本标准化后近似服从于正态分布，正态性的假设可以满足。

在模型初试中，我们使用样本初始类别的分布作为先验概率，即将样本初始类别的频数所占样本总数的百分比作为先验概率的大小。由于本问题中，我们没有经验数据和其他例子可以参考，所以使用样本初始类别的分布作为先验概率是合情合理的。如果我们擅自调整先验概率的大小，即使得到了好的结果，也不符合逻辑上的规律。我们要考虑从其他角度出发提高模型的准确性。

之前我们将划分 ROE 的比值定在了 10%，将各行业每季度 ROE 排名前 10% 的公司记作 1，其余记作 0。下面我们扩大一下这个指标，给予模型更多的正例，各行业每季度 ROE 排名前 20% 的公司记作 1，其余记作 0，结果如图 4.3 所示。

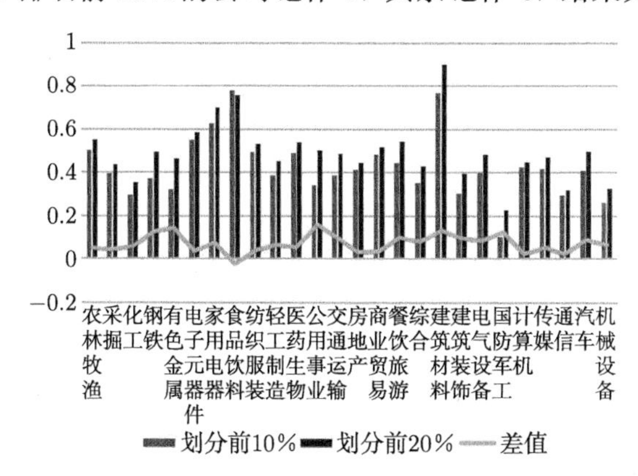

图 4.3 朴素贝叶斯模型改进后各个行业预测的精确率

可以看到，划分样本的比例提高后，大部分行业的预测精确率都有了上升。下面我们考虑风险控制的问题，即在模型预测为 1 的样本里，预测错误的样本会给我们带来的损失有多大。这部分的代码如下：

```
1 def Calulaterror(filename, indicator):
2 indicator_data = data[indicator].copy()
3 indicator_data = indicator_data.dropna()
4 error = []
5 num = []
```

```
6  precision = []
7  for j in filename:
8  x = pd.read_csv(j, index_col = 0, engine = 'python')
9  roe = []
10 date0 = []
11 name0 = []
12 for i in x.index.tolist():
13 date0.append(i[1:9])
14 name0.append(i[14:23])
15 roe.append(indicator_data.loc[int(i[1:9])].loc[i[14:23]])
16 x['date'] = date0
17 x['name'] = name0
18 want = indicator[5:]
19 x[want] = roe
20 x.to_csv(want + 'index' + j[-13:])
21 
22 x = x[x.date >= '20161231'] #对照backtestdate往后推两个季度
23 group = x.groupby('date')
24 error0 = []
25 num0 = []
26 count1 = 0
27 count2 = 0
28 for key, df in group:
29 df = df.sort_values(want)
30 df['rank'] = range(1, len(df) + 1, 1)
31 df['rank'] = 1 - df['rank'] / max(df['rank'])
32 a = df[df['0'] == 1]
33 count1 += len(a)
34 b = a[a.TRUE == 0]
35 count2 += len(b)
36 num0.append(len(b))
37 if len(b) != 0:
38 error0.append(b['rank'].mean())
39 else:
40 error0.append(np.nan)
41 print('errormonth:', key, j[-13:])
42 precision.append(count2 / count1)
43 error.append(error0)
44 num.append(num0)
45 return error, num, precision
46 
47 filename = glob.glob('样本28份不切割的结果_ROE/*.csv')
48 error, num, presion = Calulaterror(filename, indicator)
```

读者研读之前主程序的代码可以发现，我们将每个行业的结果输出为 csv 文件保存了起来，在风险控制这一部分直接读取之前的结果。由于我们的目标是筛选出下季度高 ROE 的公司，因此我们要统计模型中预测下季度高 ROE 的公司里那些预测错误的公司，它们真实的 ROE 排名在当季度是多少。图 4.4 展示了在测试集上预测错误的样本分位数排名。

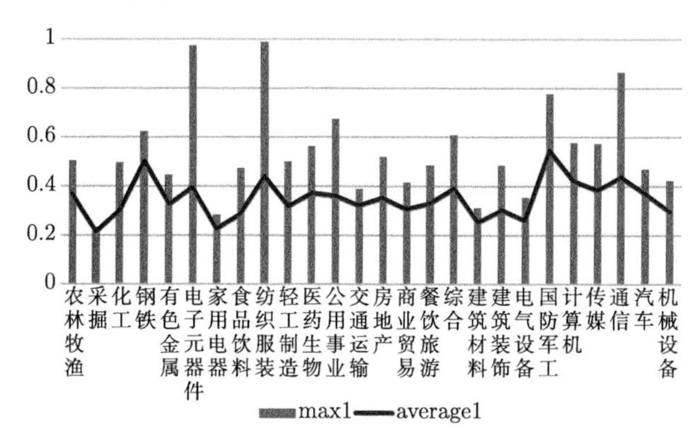

图 4.4 测试集上预测错误的样本分位数排名

可以看到，每个行业里预测错误的样本在下季度排名的均值都在 40%左右，这说明我们即使预测错误，错误的损失也可以接受。同时我们看到，预测情况最坏的样本，可能会是下季度 ROE 排名很低的公司，这要求我们从风控角度出发来思考改进的方法。

由于我们对标签的划分依赖于 ROE 的大小，并且只进行二分类 (进行二分类的原因是对顺序变量进行预测时，二分类的准确率和合理性都是最高的)，可能忽略了在样本切割点附近的信息。下面我们尝试切割样本的方法。在训练集上，将 ROE 排名前 20%的股票记作 1，排名 20%~30%的股票舍弃不用，排名后 70%的股票记作 0；而在测试集上我们依旧是将排名前 20%的股票记作 1，排名后 80%的股票记作 0。这样在训练集中，相当于我们舍弃了切割点附近的样本，这两次结果的对比如图 4.5 所示。

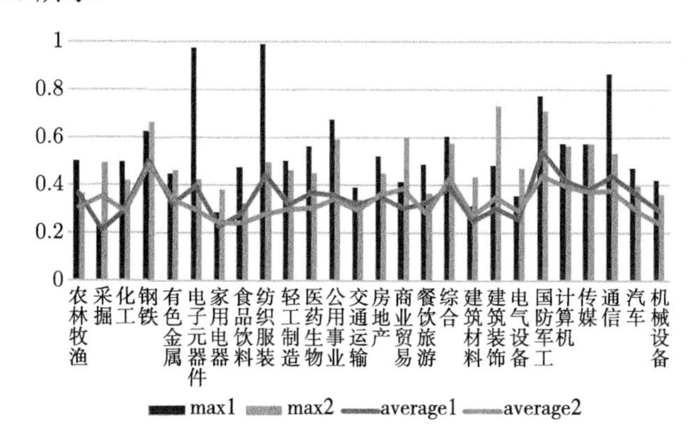

图 4.5 测试集上预测错误的样本分位数排名的对比 (后附彩图)

max2 和 average2 表示切割样本后的结果。可以看到，大部分行业中切割样本后错误的损失率都下降了。这表明我们切割样本可以使风险进一步减小。

4.4 朴素贝叶斯方法的总结以及延伸应用

本章引入了使用朴素贝叶斯模型预测上市公司下季度 ROE 排位的案例。朴素贝叶斯模型是一种常用的有监督机器学习模型，可以用来预测分类问题，其具体实现可以使用 Python 软件的 sklearn 包。利用 Wind 中提供的财务数据，将各行业排名每季度高 ROE 的公司记作 1，其余记作 0，以 ROE 的 0-1 分类为输出变量，财务数据为输入变量，训练朴素贝叶斯模型进行预测。通过调整划分的比率，提高了模型预测的精确率。最后在风险控制方面，引入了切割样本的方法，降低了模型的风险。

朴素贝叶斯方法作为一种分类方法，可以广泛应用到文本分类、临床分类、金融分类等领域。在文本分类领域，有我们熟知的垃圾邮件过滤系统；在临床分类领域，它可以把病人做一个有效的分类；在金融分类领域，它可以把银行客户信用质量的高低进行分类。这些都是朴素贝叶斯的延伸应用领域。

第5章 MCMC 方法及生物案例分析

本章介绍马尔可夫链蒙特卡罗 (Markov chain Monte Carlo, MCMC) 方法，它可以用来产生近似服从目标分布的样本，常用来估计未知参数的期望等信息。MCMC 方法有众多的优点，比如随机变量的维数增加不会减慢收敛速度；程序的实现相对简单；能广泛地应用于各个领域，受问题约束小。

5.1 MCMC 理论介绍

5.1.1 马氏链

下面以单变量、离散时间、离散状态空间的马氏链为例简要介绍一下马氏链及其相关性质。考虑随机变量序列 $\{X^{(t)}\}, t=0,1,\cdots$，其中每个 $\{X^{(t)}\}$ 可能取有限或者可列个数值中的一个，称为状态。记号 $\{X^{(t)}\}$ 表示随机变量在时刻 t 的状态。状态空间 S 是随机变量 $\{X^{(t)}\}$ 所有可能取值的集合。

令 $P_{ij}^{(t)}$ 是可观察状态从时刻 t 的状态 i 转移到时刻 $t+1$ 的状态 j 的概率。序列 $\{X^{(t)}\}, t=0,1,\cdots$ 是马氏链，如果

$$
\begin{aligned}
p_{(ij)}^{(t)} &= P[X^{(t+1)}=j|X^{(0)}=x^{(0)}, X^{(1)}=x^{(1)}, \cdots, X^{(t)}=i] \\
&= P[X^{(t+1)}=j|X^{(t)}=i]
\end{aligned}
\tag{5.1}
$$

对于所有的 $t=0,1,\cdots$ 和 $x^{(0)}, x^{(1)}, \cdots, x^{(t-1)}, i, j \in S$。

$p_{ij}^{(t)}$ 称为一步转移概率。如果一步转移概率都与时间无关，那么该链称为时间齐次的，否则称为时间非齐次的。令 P 定义为时间齐次链的 $s \times s$ 的转移概率矩阵，P 的第 (i,j) 个元素是 p_{ij}。转移概率矩阵 P 中的每个元素必须在 0 和 1 之间，矩阵的每一行元素的和是 1。

我们称能以概率 1 回到初始状态的状态为常返的，称一个平均返回时间有限的常返状态为非零常返的。如果状态空间有限，其常返状态都是非零常返的。称一条马氏链是不可约的，如果从其状态 i 经有限步后都可到达任一状态 j。也就是说，对于任意两个状态 i, j，都存在 $m>0$ 使得 $P[X^{(m+n)}=j|X^{(n)}=i]>0$。称一条马氏链是周期的，如果经过某些周期性步长后可能达到状态空间的某部分。如果对于所有不能被 d 整除的 n，状态 j 经过 n 步返回到状态 j 的概率是 0，那么称状态 j 有周期 d。如果马氏链的每个状态的周期都是 1，那么称这条链是不可约的。如果

一条马氏链是不可约的、非周期的，并且它的所有状态都是非零常返的，那么称它是遍历的。

令 π 表示其中元素的和为 1 的概率向量，向量 π 的第 i 个元素 π_i 表示 $X^{(t)}=i$ 的边际分布，$X^{(t+1)}$ 的边际分布是 $\pi^{\mathrm{T}}P=\pi^{\mathrm{T}}$。任何满足 $\pi^{\mathrm{T}}P=\pi^{\mathrm{T}}$ 的离散概率分布 π 称为马氏链转移概率矩阵的平稳分布。如果 $X^{(t)}$ 有一个平稳分布，则 $X^{(t)}$ 和 $X^{(t+1)}$ 的边际分布是一样的。

如果 $X^{(1)},X^{(2)},\cdots$ 是从平稳分布为 π 的非周期不可约马氏链中得到的样本，那么在一定条件下有 $X^{(n)}$ 依分布收敛于 π, 并且对于任意的函数有

$$\frac{1}{n}\sum_{t=1}^{n}h(X^{(t)})\longrightarrow E_{\pi}\{h(X)\} \tag{5.2}$$

对于 $n\to\infty$ 几乎成立的。这一点很重要，由此性质，我们可以构造一条平稳分布是随机变量的概率密度函数的马氏链，然后从该马氏链中抽取样本，估计此随机变量的一些矩性质等。

5.1.2 蒙特卡罗方法

蒙特卡罗技术常用来作复杂积分的估计，从被积函数积分区域的支撑集上，随机地抽取一些样本点，通过这些样本点计算的积分作为真实积分值的估计。蒙特卡罗模拟的积分估计在很多领域都有广泛的应用。在贝叶斯分析中，后验矩能用复杂积分的形式表示出来，但是通常很难通过数学分析的方式给出精确的估计。在统计推断分析中很多感兴趣的量可以表示成随机变量函数的期望，记为 $E\{h(X)\}$。令 f 定义为 X 的密度函数，μ 定义为相对于 f 的 $h(X)$ 的期望。从 f 中获得一组独立同分布的样本 $X_1,\cdots,X_n$, 依据强大数定律，当 $n\to\infty$ 时，我们可以用样本均值近似 μ:

$$\hat{\mu}_{\mathrm{MC}}=\frac{1}{n}\times\sum_{i=1}^{n}h(X_i)\longrightarrow\int h(x)f(x)\mathrm{d}x=\mu \tag{5.3}$$

此外，令 $v(x)=[h(x)-\mu]^2$，并假定 $h(X)^2$ 在 f 下的期望是有限的。那么 $\hat{\mu}_{\mathrm{MC}}$ 的样本方差为 $\dfrac{\sigma^2}{n}=E\{v(X)/n\}$, 其中期望是关于 f 求的。类似的蒙特卡罗方法可用

$$\hat{\mathrm{var}}\{\hat{\mu}_{\mathrm{MC}}\}=\frac{1}{n-1}\sum_{i=1}^{n}[h(X_i)-\hat{\mu}_{\mathrm{MC}}]^2 \tag{5.4}$$

来估计 σ^2。当 σ^2 存在时，中心极限定理表明对较大的 n，$\hat{\mu}_{\mathrm{MC}}$ 有近似正态分布，进而可以对 μ 进行相关的统计推断和置信区间估计。蒙特卡罗积分的实施比求积法更少受限于高维问题。

5.1.3 MCMC 方法

MCMC 方法的一个热门应用是进行贝叶斯推断，此时目标密度函数就是参数 X 的贝叶斯后验分布。MCMC 的核心在于构造一条适当的链，困难之处在于如何决定由马尔可夫链 (简称马氏链) 得到的样本以及由这些样本得到的估计量与目标分布的近似程度。

当某目标密度函数 f 可被计算但不易抽样时，我们可以直接使用蒙特卡罗方法从 f 中获得一个样本，用该样本估计 $X \sim f(x)$ 的某一函数的期望。而 MCMC 方法用来生成近似服从 f 分布的样本，用该样本可以可靠地估计关于 X 函数的期望。令序列 $X^{(t)}, t = 0, 1, 2, \cdots$ 表示一马氏链，其中 $X^{(t)} = (X_1^{(t)}, \cdots, X_p^{(t)})$，当链是非周期不可约时，$X^{(t)}$ 的分布收敛到该链的极限平稳分布。MCMC 方法的抽样策略就是构造一个非周期不可约的马氏链使得其平稳分布等于目标分布 f。对于足够大的 t, 由这样的马氏链得到的 $X^{(t)}$ 具有近似 f 的边际分布。MCMC 方法的一个很热门的应用是进行贝叶斯推断，此时 f 就是参数 X 的贝叶斯后验分布。MCMC 的核心在于构造一条适当的链，困难之处在于如何决定由马氏链得到的样本以及由这些样本得到的估计量与目标分布的近似程度。

5.1.4 Metropolis-Hastings 算法

Metropolis-Hastings 算法是一种非常通用的构造马氏链的方法。该方法从 $t=0$ 开始，取 $X^{(0)} = x^{(0)}$，其中 $x^{(0)}$ 是从某个初始分布 (或者提案分布)g 中随机抽取的样本使得满足 $f(x^{(0)}) > 0$。在贝叶斯推断中，g 可选择先验分布。给定 $X^{(t)} = x^t$，下面的算法用于产生 $X^{(t+1)}$。

(1) 由某提案分布 $g(\cdot|x^{(t)})$ 产生一个候选值 X^*。

(2) 计算 Metropolis-Hastings 比率 $R(x^{(t)}, X^*)$, 其中，

$$R(u,v) = \frac{f(v)g(u|v)}{f(u)g(v|u)} \tag{5.5}$$

注意，$R(x^{(t)}, X^*)$ 总是有定义的，因为只有当 $f(x^{(t)}) > 0$ 且 $g(x^*|x^{(t)}) > 0$ 时，才有 $X^* = x^*$。

(3) 根据下式抽取 $X^{(t+1)}$:

$$X^{(t+1)} = \begin{cases} X^*, & \text{以概率 } \min\{R(x^{(t)}, X^*), 1\}, \\ x^{(t)}, & \text{否则} \end{cases} \tag{5.6}$$

(4) 增加 t，返回第一步。

我们将第 t 步迭代称作产生 $X^{(t)} = x^{(t)}$ 的过程。显然, 通过 Metropolis-Hastings 构造得到的链满足马氏性，因为 $X^{(t+1)}$ 仅依赖于 $X^{(t)}$。但是这样的链是否是非周

期不可约的则取决于提案分布的选取，使用者需要自己去检验是否满足这些条件。如果经过验证说明其是非周期不可约的，那么由 Metropolis-Hastings 算法得到的链具有唯一的极限平稳分布。

一个具有某些特定性质的提案分布可以从很大程度上增强 Metropolis-Hastings 算法的效果。一个好的提案分布可以在适当的迭代次数内生成能够覆盖平稳分布支撑的候选值。类似地，也可生成不被过度频繁地接受或拒绝的候选值。这两点与提案分布的延展度有关。如果一个提案分布相对于目标分布来说过于分散，那么候选值就会被频繁地拒绝，导致链需要很多次的迭代才能足够地探究清楚目标分布的支撑空间。如果提案分布过于集中 (比如有非常小的方差)，那么链在很多次的迭代中都会停留在目标分布的小区域内，而其他区域则不能充分探究。所以，具有过小或者过大延展度的提案分布都会使得生成的链需要大量的迭代次数才能够获得足够的抽样点覆盖目标分布的支撑集。

5.1.5　独立链

假设选取 Metropolis-Hastings 算法的提案分布为某个固定的密度函数 g 使得满足 $g(x^*|x^{(t)}) = g(x^*)$。由提案分布产生一个独立链，其中抽取的每一个候选值与前面的候选值相互独立。在这种情况下，Metropolis-Hastings 比率为

$$R(x^{(t)}, X^*) = \frac{f(X^*)g(x^{(t)})}{f(x^{(t)})g(X^*)} \tag{5.7}$$

在贝叶斯推断中，似然方程 $L(\theta|y)$ 中 y 是观测数据，参数 θ 的先验分布为 $p(\theta)$。贝叶斯推断基于后验分布 $p(\theta|y) = cp(\theta)L(\theta|y)$, 其中 c 是未知常数。很难通过积分计算的方式得到常数 c 以及后验分布的其他性质，因此后验分布不能直接用于推断。然而，如果我们可以从马氏链中获得一个样本，其中马氏链的平稳分布是目标后验分布，那么样本可以用来估计后验矩，尾部概率基于其他有用的分位数，同时还包括后验密度本身。在贝叶斯推断中使用 MCMC 方法通常可以很容易地生成这样一个样本。在独立链中，一种非常简单的做法就是用先验分布作为提案分布。以 Metropolis-Hastings 的符号记，$f(\theta) = p(\theta|y), g(\theta^*) = p(\theta^*)$, 也就是说，我们用先验分布作为提案分布，Metropolis-Hastings 比率等于似然比。根据定义，先验分布的支撑集覆盖目标后验分布的支撑集，因此独立链的平稳分布即我们希望得到的后验分布。

5.1.6　随机游动链

随机游动链是通过简单变化 Metropolis-Hastings 算法得到的另一种马氏链。令 X^* 通过抽取 $\epsilon \sim h(\epsilon)$ 生成，其中 h 为密度函数，则 $X^* = x^{(t)} + \epsilon$。由此，我们得到一个随机游动链。在这种情况下，$g(x^*|x^{(t)}) = h(x^* - x^{(t)})$。对于 h 的一般选择包括

以原点为球心的球面上的均匀分布，标准正态分布以及尺度变化后的学生 t 分布。如果 f 的支撑区域是连通的且 h 在 0 的邻域内为正，那么生成链是非周期不可约的。

5.1.7 Gibbs 抽样

Gibbs 抽样是一种专门处理多维目标分布的工具。我们的目标是构造一条马氏链，其平稳分布 (或者某个边际分布) 等于目标分布 f。Gibbs 抽样通过由 f 的边际分布序贯抽样来达到上述目标，其中这些边际分布的显式表达式通常是可以得到的。

令 $X=(X_1,\cdots,X_p)^{\mathrm{T}}$，并且记 $X_{-i}=(X_1,\cdots,X_{i-1},X_{i+1},\cdots,X_p)^{\mathrm{T}}$。假设 $X_i|X_{-i}=x_{-i}$ 的一元条件密度记为 $f(x_i|x_{-i})$，很容易通过抽样获得，其中 $i=1,\cdots,p$，则从 $x^{(0)}$ 开始，对于 t 次迭代，一个一般的 Gibbs 抽样过程描述如下：

(1) 选择一个 $x^{(t)}$ 的元素的排序。

(2) 对于每个 i 按照上述选择的排序，抽取 $X_i^*|x_{-i}^{(t)}\sim f(x_i|X_{-i}^{(t)})$。

(3) 当第 (2) 步依选择的排序对 X 的每一元素都已经完成时，令 $X^{(t+1)}=X^*$。

对 X 的所有元素完成第 (2) 步称为一个循环。Gibbs 抽样生成的链是马氏链，在很多情况下，Gibbs 抽样所得链的平稳分布为 f。

5.1.8 链的诊断

在具体实施 MCMC 方法的过程中，需要判断马氏链是否已经运行了足够长的时间，可以获得可靠的估计。判断一条链的好坏，一些常见的实施细节有：链是否很快地离开初始值并很快搜索到目标分布函数的定义域；是否需要运行多条链以避免链落入局部极值中；可以通过对模型的重新参数化来改进 Gibbs 抽样和 Metropolis-Hastings 算法的混合性质；要确定预烧期和链的长度，预烧期是指要舍弃的链长度以避免初值的影响，较长的链更有可能有较好的收敛效果；对提案分布的选择，其支撑集要尽可能覆盖目标分布的支撑集，尤其要注意分布尾部要覆盖。

5.2 癌细胞分裂实例介绍

5.2.1 结肠癌细胞背景介绍

结肠癌是常见的发生于结肠部位的消化道恶性肿瘤，因其较高的发病率和死亡率而受到广泛关注，关注结肠癌细胞系的分裂模式具有十分重要的现实意义。在肿瘤细胞分裂模式上，经典的肿瘤干细胞 (cancer stem cells, CSC) 理论认为肿瘤组织中有着类似正常组织的细胞种系分层结构，其中处于分层结构顶层的是一类具有“干性”的细胞，它们具有持续增殖和分化成其他非肿瘤干细胞 (non-cancer stem cell, NCSC) 的能力。当前 CSC 理论的研究热点是探究 CSC 和 NCSC 之间的状态转化机制，即认为 CSC 可以由其他分化程度更高的肿瘤细胞自发生成或者通过物理或化学诱导的方式生成。简而言之，CSC 和 NCSC 之间可以实现随机的转化。本节我们将采用 MCMC 方法估计在细胞随机转化过程中 CSC 比例的概率分布。

5.2.2 案例分析

有一组 SW620 结肠癌细胞系的数据，记录了每个观测点的 CSC 细胞比例均值，共有 13 个数据点，首先我们观察一下数据的频率分布直方图 (图 5.1)。

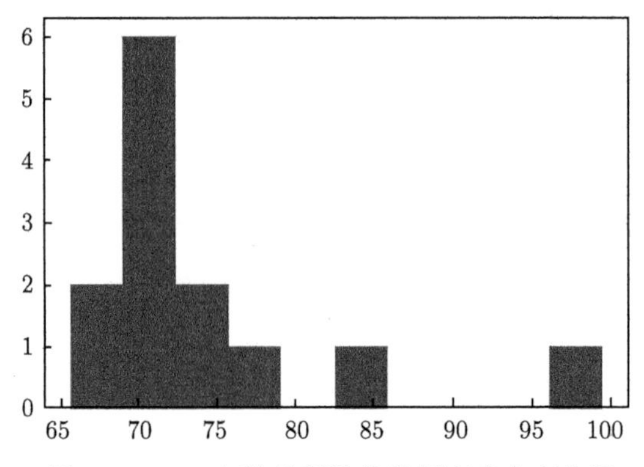

图 5.1 CSC 细胞比例均值的频率分布直方图

从图中可以大致推断该数据是正态分布和均匀分布的混合分布，令 x 作为这两个分布的转化参数，定义该组数据是随机变量 Y 的样本值，则 Y 的概率密度函数 $f = x \times N(\mu,\sigma) + (1-x) \times U(a,b)$，其中 $f, N(\mu,\sigma), U(a,b)$ 分别表示目标概率密度函数、正态分布的概率密度函数和均匀分布的概率密度函数，μ,σ 分别是正态分布的均值和标准差，a, b 分别是均匀分布支撑集的两个边界。我们可以大致确定正态分布和均匀分布的各参数，设置正态分布的均值 $\mu = 72$，正态分布中的标准差根据 3σ 原则尽量覆盖正态分布的支撑集，故设置 $\sigma = 3$，均匀分布的参数设置为 $a = 82, b = 100$。这样，只需要估计参数 x 就可以确定目标概率密度函数。下面我们使用 MCMC 方法中的独立链算法估计参数 x。在独立链中，Metropolis-Hastings 比率是似然比，设定 x 的先验分布标准均匀分布 $U(0,1)$，下面我们逐行解析具体的代码。

```
1  #载入所需要的函数包
2  import numpy as np
3  import pandas as pd
```

```
4  import matplotlib.pyplot as plt
5  import random
6  import scipy.stats as sts
7
8  #设定所需要的随机数种子，确保每次运行结果相同
9  random.seed(0)
10
11 #读取数据并画出频率分布直方图
12 data = pd.read_excel(r'cell.xlsx')
13 data.set_index(['Days'],inplace = True)
14 fig = plt.figure()
15 ax = fig.add_subplot(1,1,1)
16 ax.hist(data['CSCs'])
17 plt.savefig('hist.png',dpi = 100)
18 plt.show()
19
20 #数据
21 csc = data['CSCs']
22
23 #设定分布的参数
24 mu = 72
25 sigma = 3
26 a = 82
27 b = 100
28
29 #设定链的长度、预烧期
30 ##迭代次数
31 num_its = 10000
32 df_para = pd.DataFrame(index = range(num_its),columns = [
       'delta'])
33 ##链的初始值设定为0
34 df_para.iloc[0] = 0
35 ##预烧掉链的一半
36 burn_in = int(np.round(num_its/2))
37
38 #定义函数
39 ##似然
40 def likelihood(x):
41 #正态分布的概率密度函数
42 pdf_norm = sts.norm.pdf(csc,mu,sigma)
43 #均匀分布的概率密度函数
44 pdf_unif = sts.uniform.pdf(csc,a,b)
45 #目标分布的似然
46 f = np.prod(x * pdf_norm + (1-x) * pdf_unif)
47 #返回计算得到的似然
48 return f
49
```

```
##先验分布和提案分布：设定为0-1均匀分布
def g(x):
g = sts.uniform.pdf(x,0,1)
return g

##Metropolis-Hastings比率
def ratio(xt,x):
r = likelihood(x) * g(xt) /(likelihood(xt) * g(x))
return r

#主函数
for i in range(1,num_its):
#链的当前值
xt = df_para.iloc[i-1].values[0]
#从提案分布中随机地抽取一个新值
x = random.uniform(0,1)
#计算M-H比率，并计算转移概率p
p = min(ratio(xt,x),1)
#以概率p从伯努利分布中产生一个随机数
d = sts.binom.rvs(n= 1,p = p)
#如果产生的随机数是1，则链游走到新产生的值上，否则停留在原来的值上
df_para.iloc[i] =  x * d + xt * (1-d)

#结果展示
fig = plt.figure()
ax = fig.add_subplot(1,1,1)
ax.plot(range(num_its),df_para['delta'])
ax.set_title('sample paths with proposal density U(0,1)')
ax.set_xlabel('t')
ax.set_ylabel('path(t)')
plt.show()
print(np.mean(df_para.iloc[burn_in:]))
```

图 5.2 是 10000 次迭代的样本路径，可以看出马氏链很快离开了初始值，并且似乎很容易从以 x 的后验值为支撑的参数空间的各个部分抽取值，表明链收敛较快，混合良好。

5.2.3　MCMC 方法总结以及延伸应用

在 5.2 节我们以 Metropolis-Hastings 算法中的独立链在估计结肠癌细胞比例分布的参数为例，介绍了 MCMC 方法。MCMC 方法有很多种类，许多成熟的算法不需要自己编写，Python 已经开发了函数包 PyMCMC, 内嵌在 PyMCMC 内部的 MCMC 方法在似然函数的表达上更为准确，有兴趣的读者可以查阅 PyMCMC 的帮助文档。

MCMC 方法很适合非大数据的分析，它在采样领域有着优秀的表现。除了我

们通常看到的生物统计领域，它在密码破解领域、经济领域也有深入应用，比如经济数学的预测。

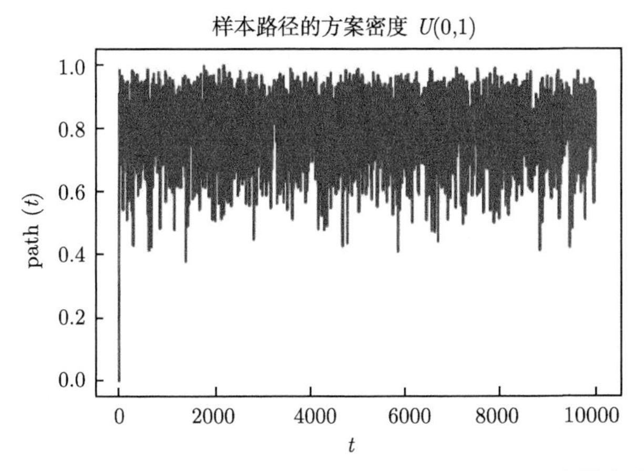

图 5.2 提案分布是均匀分布的独立马氏链产生的 x 的样本路径

第 6 章　聚类分析及银行信用画像

现实中遇到的问题往往缺少训练目标数据，因而只能采用无监督学习算法，而聚类分析就是其中最简单的一种。和分类算法相比，聚类的应用场景更为广泛——它通常可以挖掘出数据中十分可贵的类别信息。对于银行来讲，如果能够根据客户提供的信息，精确刻画出应给予的贷款额度，将避免重大的信用风险并获取收益。本章将具体介绍聚类分析的一些基本算法，并通过对银行信用画像的实例来展示聚类的魅力之处。

6.1　通过客户数据分类建立银行信贷标准

在我们生活的世界中，每一个个体都在不断地与世间万物聚合、分离，产生联系，因而造就了如此丰富多样的宇宙有机体。然而“物以类聚，人以群分”。在这纷繁复杂的结构中，往往存在着一些相似性，从而让我们可以方便地发现事物的本质区别, 这就是“分类学”的魅力。而聚类便是“分类学”最重要的组成部分。与分类不同的是，聚类需要在没有任何已知类别的样例情况下，自行寻找一个合适的种类数目和判定规则。

最简单的分类问题发生在自然界——动物与植物界限分明，动物种类之间又有着千差万别，因而确定种类的数目并加以细分是件十分烦琐的事情。柏拉图曾给过这样一个定义：人是没有羽毛的两脚直立的动物。显然，这样简单的归类是不完善的。那么，你是否思考过如何用数学工具来判定一个集合里到底有多少种动/植物呢？是否想过我们该依据什么特征及规则给动/植物确定种类呢？

也许，你曾经在某些社交软件上做过相似度或者好友匹配测试，疑惑于它们是如何判定相似程度并给你打上基本正确的标签的。在一系列的小问题测试之后，软件能够根据对你的定位，给你推荐你感兴趣的话题及朋友，甚至能够轻松匹配合适的伴侣，助你解决单身问题!

考虑这样一个情景：你作为一个银行的经理或者金融公司线上贷款应用程序的业务主管，面对不同年龄、不同收入、不同职业、不同教育程度等有贷款需求的人群，你应该如何确定批准给他们的授信额度呢？如果批准的额度过高，将面临贷款收不回来的风险；如果批准的额度过低，将可能出现失去客户、资金利用率过低的状况。显然，这两者都可能会给银行带来巨大的损失。那么有什么方法来确定同一类信用等级的用户，并给予一个适当的贷款额度呢？或许，聚类可以做到这点!

而这一切，最初源自一个叫作“距离”的东西。

就让我们从“距离”讲起，进入机器学习的世界，感受一下聚类分析是如何利用数学公式拉近人或事物之间的距离的。图 6.1 为分类与聚类问题的简单例子，该图直观反映了分类与聚类的区别。

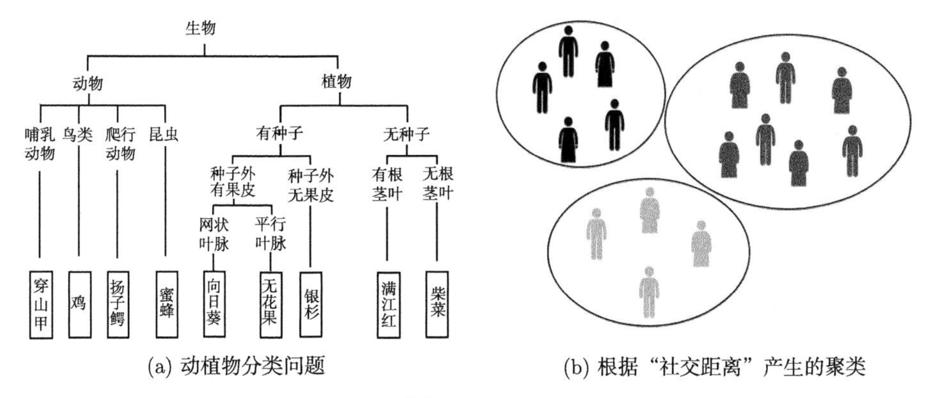

(a) 动植物分类问题　　(b) 根据“社交距离”产生的聚类

图 6.1　分类与聚类问题的简单例子

聚类分析是研究如何在没有训练的条件下把样本划分为若干类。在分类中，已知存在哪些类，即对于目标数据库中存在哪些类是知道的，要做的就是将每一条记录分别属于哪一类标记出来。

聚类需要解决的问题是将已给定的若干无标记的模式聚集起来使之成为有意义的聚类，是在预先不知道目标数据库到底有多少类的情况下，希望将所有的记录组成不同的类或者说聚类，并且使得在这种分类情况下，以某种度量 (例如：距离) 为标准的相似性在同一聚类之间最小化，而在不同聚类之间最大化。

6.2　无监督学习之聚类分析

在机器学习中，聚类往往是一种无监督学习①。若将所有的数据特征矩阵 X_{MN} (M 组数据，每组有 N 个特征) 看成是多维数组，那么我们要做的就是利用 M 行数据之间的关系来判定数据集中有多少种类别，并确定任一组数据的所属类别。聚类可以作为一个单独的数据处理方案，其聚类后所划分的各个子类的现实含义需要人工来进行一定的解释 (当然，在聚类算法中融合一定的具体意义是最好的方式，但对于复杂数据做不到这一点)；也可以将聚类当作数据处理方案的第一步，进而依据结果进行有监督的分类。

由于是无监督的学习，在没有具体标记 Y 的情况下，确定分类则完全依赖

①无监督学习是指只给出数据特征 X 而未给出具体的标记 Y，需要通过程序自动学习得到 Y 的机器学习方法。

于“距离”这一概念，之后才能根据距离来判断关系，进而不断调整聚类的中心及类别。在“距离”之后，我们将介绍 K-均值 (K-Means) 聚类方法、均值迁移聚类、基于密度的聚类算法等①，并重点介绍 K-均值算法在 Python 中的简单应用。

6.2.1　距离：聚类的基础

“距离”一词不仅仅可以指代空间上或时间上相隔的长度，还可以表示情感、种类之间的差距或关系。因此，对于机器学习中的不同数据集，我们往往可以根据“距离”来判定它们之间的关系。统计的世界里，常见的距离有欧氏距离 (Euclidean distance)、曼哈顿距离 (Manhattan distance)、闵可夫斯基距离 (Minkowski distance)、夹角余弦 (cosine)、马氏距离 (Mahalanobis distance) 等。对于两个 n 维的点：$\boldsymbol{X}=(x_1,x_2,\cdots,x_n),\boldsymbol{Y}=(y_1,y_2,\cdots,y_n)$，它们之间的距离计算如下：

(1) 欧氏距离

最常见的是几何中的欧氏距离，它用于计算两个点之间的实际距离。计算方法即勾股定理扩展到高维的情形：

$$d_{XY}=\sqrt{\sum_{i=1}^{n}(x_i-y_i)^2} \tag{6.1}$$

(2) 曼哈顿距离

如果你在曼哈顿街区，从一个十字路口走到另一个十字路口只能沿着街道走而无法穿过建筑，那么其距离即曼哈顿距离：

$$d_{XY}=\sum_{i=1}^{n}|x_i-y_i| \tag{6.2}$$

(3) 闵可夫斯基距离

闵可夫斯基距离可以写成 p-范数形式，当 $p=1$ 时，为曼哈顿距离，当 $p=2$ 时，为欧氏距离，当 $p=\infty$ 时，为切比雪夫距离。其计算方法为

$$d_{XY}=\sqrt[p]{\sum_{i=1}^{n}|x_i-y_i|^p}=\|\boldsymbol{X}-\boldsymbol{Y}\|_p \tag{6.3}$$

(4) 夹角余弦

在几何中，余弦用于衡量两个方向之间的差异，因此也是“距离”中的一种。

$$d_{XY}=\frac{\langle\boldsymbol{X},\boldsymbol{Y}\rangle}{\|\boldsymbol{X}\|_2\|\boldsymbol{Y}\|_2}=\frac{\sum_{i=1}^{n}x_iy_i}{\sqrt{\sum_{i=1}^{n}x_i^2}\sqrt{\sum_{i=1}^{n}y_i^2}} \tag{6.4}$$

①参见 scikit-learn 官方网站 https://scikit-learn.org/stable/index.html。

(5) 马氏距离

马氏距离由印度统计学家马哈拉诺比斯 (Mahalanobis) 提出，它是一种基于样本分布的距离。它可以有效地计算两个样本集的相似度，通常用于表示数据的协方差距离。对于 m 个样本向量，假设其样本协方差矩阵为 $\boldsymbol{\Sigma}$，则样本向量 $\boldsymbol{X}$ 与 $\boldsymbol{Y}$ 之间的马氏距离为

$$d_{XY}=\sqrt{(\boldsymbol{X}-\boldsymbol{Y})^{\mathrm{T}}\boldsymbol{\Sigma}^{-1}(\boldsymbol{X}-\boldsymbol{Y})} \tag{6.5}$$

6.2.2 K-均值聚类①

K-均值聚类是最经典简便、最常用的一种基于距离的聚类算法。当“距离”越近时，就认为两个样本点之间最为相似。因此，在给定分类数目 K 的情况下，K-均值聚类算法将随机初始化 K 的聚类中心。随后通过“距离”判定每一个样本点的所属类别，之后再对同一个类别中的样本点计算其均值作为新的聚类中心。这样，通过不断地迭代，那些“距离”相近的点最终将被聚成一类 (也叫作簇)。

K-均值聚类方法中，最终目标是最小化每个样本点与其所属的聚类中心点之间的距离之和。对于 m 个样本点 $x^{(1)},x^{(2)},\cdots,x^{(m)}$，该方法的目标函数为

$$\begin{gathered}\min_{\substack{c^{(1)},c^{(2)},\cdots,c^{(m)}\\ \mu_1,\mu_2,\cdots,\mu_K}} J(c^{(1)},c^{(2)},\cdots,c^{(m)},\mu_1,\mu_2,\cdots,\mu_K)\\ J(c^{(1)},c^{(2)},\cdots,c^{(m)},\mu_1,\mu_2,\cdots,\mu_K)=\frac{1}{m}\sum_{i=1}^{m}\parallel x^{(i)}-\mu_{c^{(i)}}\parallel^2\end{gathered} \tag{6.6}$$

其中，$c^{(i)}$ 为 $x^{(i)}$ 所分配的类别，$c^{(i)}\in\{1,2,\cdots,K\}$，$\mu_i$ 为第 i 类的聚类中心。$\mu_{c^{(i)}}$ 是 $x^{(i)}$ 所分配类别的聚类中心。

为求出符合要求的 $c^{(1)},c^{(2)},\cdots,c^{(m)},\mu_1,\mu_2,\cdots,\mu_K$，可采用 K-均值算法，其思想很简单，共分为三步：

(1) 随机初始化 K 个聚类中心：可以随机选用 m 个样本点中的 K 个，也可以在合理范围内产生随机数来初始化聚类中心；

(2) 对 m 个样本点进行分类：对数据集中的每个数据点，计算它与这 K 个聚类中心的距离，选择距离最近的聚类中心作为该点的分类；

(3) 更新 K 个聚类中心：对这 K 个类簇中的每一类，计算该类点的样本均值，重新确定该类簇的聚类中心。

重复步骤 (2) 和 (3)，其终止条件为：K 个聚类中心不再发生变化。

算法 1 K-均值聚类伪代码

Require: m 个样本点的数据集 Data，聚类个数 K；

①参照斯坦福大学吴恩达 (Andrew Ng) 的机器学习课程。

续

Ensure:

Center= 随机选取 K 个样本点或合理范围内的 K 个点;

while $\text{Center}_{new} - \text{Center}_{old} > \text{Error}$ **do**

1. for i in Data: 计算样本点 i 与各聚类中心的距离，并将它归为某一类 $C_i, C_i = 1, 2, \cdots, K$;

2. for j have same C_j:计算所有这样的样本点 j 的中心点，并更新为 Center_{new};

end while

return 各样本点的分类 C_i，各类的聚类中心 Center。

在 Python3.6 中，sklearn 包提供了一些常用的机器学习算法。我们可以直接调用包中的 KMeans 函数进行机器学习训练。这里，我们以 sklearn 中的鸢尾属植物数据集 datasets.load_iris( )①来看一看 K-均值聚类方法对植物聚类的效果。

本例中，我们取萼片宽度和花瓣宽度作为输入的特征，目标是将花正确聚类，即分成原有的数据集中的三类。具体代码如下：

```
# * coding: utf 8 *
import matplotlib.pyplot as plt
import numpy as np
from sklearn.cluster import KMeans
from sklearn import datasets

dt=datasets.load_iris()
X=dt.data[:, [1,3]]   #取萼片宽度和花瓣宽度作为输入的特征
target=dt.target #取实际分类作为对照
#绘制数据实际分布
x0 = X[target == 0]
x1 = X[target == 1]
x2 = X[target == 2]
plt.figure(figsize=(9,9))
plt.subplot(211)
plt.scatter(x0[:, 0], x0[:, 1], c="red", marker='o', label=
    'target0')
plt.scatter(x1[:, 0], x1[:, 1], c="green", marker='*', label=
    'target1')
plt.scatter(x2[:, 0], x2[:, 1], c="blue", marker='+', label=
    'target2')
```

①datasets 提供了很多有趣的数据集，这里采用的鸢尾属植物数据集包括 150 组花的数据，每组有花的名称及 4 个特征。

```
19 plt.xlabel('sepal width')
20 plt.ylabel('petal width')
21 plt.legend(loc=2)
22 plt.title("original cluster")
23
24 estimator = KMeans(n_clusters=3)#构造聚类器，这里分为三类
25 estimator.fit(X)#聚类
26 label_pred = estimator.labels_ #获取聚类标签
27 #绘制K-均值聚类结果
28 x0 = X[label_pred == 0]
29 x1 = X[label_pred == 1]
30 x2 = X[label_pred == 2]
31 plt.subplot(212)
32 plt.scatter(x0[:, 0], x0[:, 1], c="red", marker='o', label=
       'label0')
33 plt.scatter(x1[:, 0], x1[:, 1], c="green", marker='*', label=
       'label1')
34 plt.scatter(x2[:, 0], x2[:, 1], c="blue", marker='+', label=
       'label2')
35 plt.xlabel('sepal width')
36 plt.ylabel('petal width')
37 plt.legend(loc=2)
38 plt.title("K means result")
39 plt.show()
40
```

运行上述代码，可以得到图 6.2。从鸢尾属植物数据集真实分类与聚类结果的对比中可以看出，K-均值聚类的效果很好，除有极少数点被分类错误外，聚类基本重现了鸢尾属植物的真实分类。对于分类错误点，经过观察发现，这些点的真实分类基本上是处于边界处，难以根据这两个特征简单地判定属于哪一类。因此，提高训练结果的方法有两种：一种是改进聚类方法，后面将提到更多的聚类算法；另一种是增加训练时所用的特征，请读者自行尝试并比较结果。

需要注意的是，聚类结果中的标签 0,1,2 只是起到分类标签的作用，并不具有实际含义，也不一定与真实分类相同。代码每次运行后标签不一定与上一次相同，因此，对聚类结果做好解释工作也十分重要。另外，K-均值聚类中需要人为确定聚类的数目，因此也存在一定的改进空间。

6.2.3 均值迁移聚类

均值迁移 (mean-shift) 算法也是一种基于中心的聚类算法。它的核心思想是通过圆形区域的移动，不断更新聚类中心，找到密度最高的区域作为某一类的中心。这种算法最后还需要考虑多个滑动窗口重叠的情况，这时保留包含最多点的窗口，并为数据集中的每一个点确定分类。

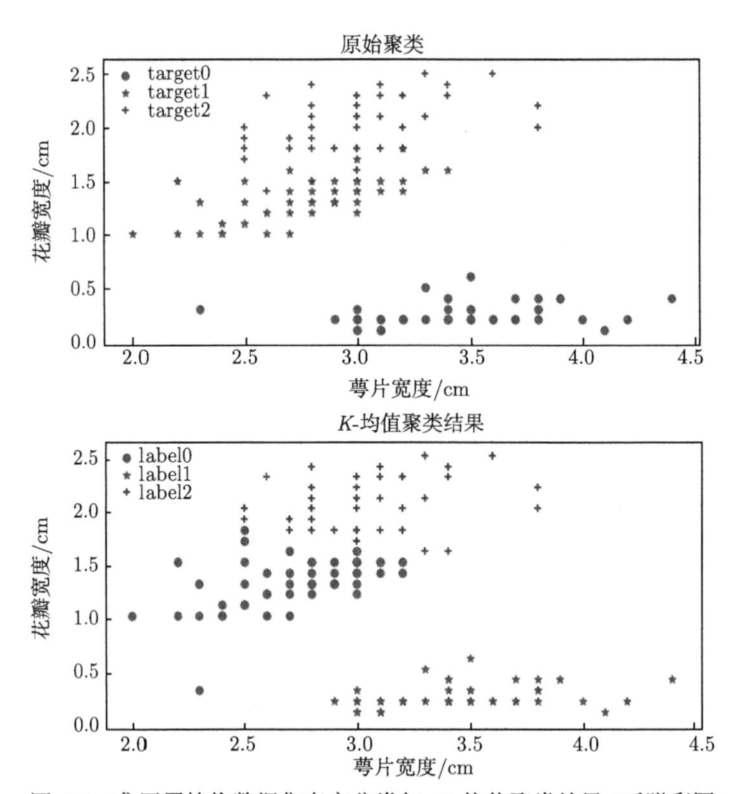

图 6.2　鸢尾属植物数据集真实分类与 K-均值聚类结果 (后附彩图)

均值迁移的最大优势是它不用选择聚类的数目，而是由算法自动寻找，这种基于密度的算法十分便于直观理解而且类别具有实际意义，可以被解释。当然，这也存在一个问题，那就是算法中滑动窗口的大小依然会影响聚类的结果，这里有进一步优化的空间。

均值迁移聚类的算法步骤如下：

(1) 随机初始化多个点为圆形中心，以半径 r 为内核，形成多个滑动窗口；

(2) 更新滑动窗口的中心：通过将中心点移动到窗口内点的平均值更新所有圆形中心，它们会不断地移向密度高的区域；

(3) 判定是否需要继续移动：重复步骤 (2)，直到所有中心点都几乎不再发生移动，即移动不会再容纳更多的点，则停止移动；

(4) 整理中心点：当多个滑动窗口重叠时，只保留包含最多点的窗口，这样就确定了聚类中心；

(5) 对每一个点分类：根据每一个点所属的滑动窗口路径，确定它们最终的分类。

在 Python 中，sklearn.cluster.MeanShift 提供了这一函数功能，此处不再列举

代码，请读者自行尝试。对于上述训练集，Python 运行结果如图 6.3 所示，可见这种依据密度来聚类的方法有一定的局限性。

6.2.4 基于密度的聚类方法

具有噪声的基于密度的聚类方法 (density-based spatial clustering of applications with noise, DBSCAN) 同样是基于密度的聚类方法，它的显著优点是对分布形状类似于笑脸的数据集有很好的聚类效果，这是因为它将簇定义为密度相连的点的最大集合。如果使用不同形状的数据集进行测试，我们会发现 DBSCAN 方法可以聚类出任意形状的类簇，这对于某些聚类的需求十分有用，如图 6.3 所示。

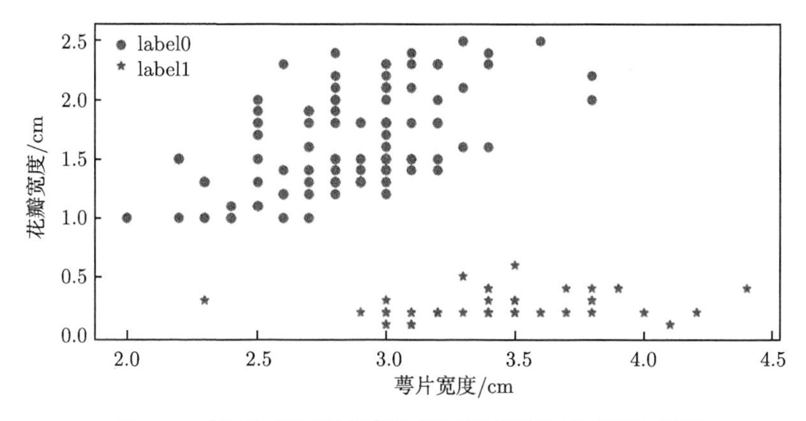

图 6.3 鸢尾属植物数据集均值迁移聚类结果 (后附彩图)

当然，随之带来的问题是 DBSCAN 不能很好地应用在高维数据。和均值迁移算法一样，它对于密度分布不均匀、样本聚类间距相差各不相同的数据集效果较差。

DBSCAN 聚类的算法步骤如下：

(1) 初始化参数：邻域半径 r，最小包含点数 minPts。

(2) 确定核心点：对任意一个点，如果它的邻域内包含的点数大于 minPts，则该点为核心点。

(3) 以一个从未访问过的任意起始数据点开始循环：如果抽取的点是核心点，那么找出所有从该点密度可达的对象 (类似于均值迁移中同一滑动窗口的移动路径包含的点)，形成一个簇；否则，这个点被暂时标记成噪声 (在后续循环中如果一直没被聚为某一类，则确定为异常点)。无论如何，这个点都标记为已访问。

(4) 终止循环：当所有的点都被标记为已访问时，聚类结束。

这里以 sklearn 生成的月牙形数据集为例，可以看到 DBSCAN 的效果非常好，如图 6.4 所示。具体 Python 代码如下：

```
#   *   coding: utf 8   *
from sklearn.datasets import make_moons
from sklearn.preprocessing import StandardScaler
import mglearn
X, y=make_moons(n_samples=200, noise=0.05, random_state=0)
# 将数据标准化处理: 均值0、方差1
scaler=StandardScaler()
scaler.fit(X)
X_scaled = scaler.transform(X)
clusters = DBSCAN().fit_predict(X_scaled)
# 绘制原始分类及DBSCAN聚类结果,此处部分代码从略, 其余绘图设置请读者练
    习自行补全
plt.subplot(211)
plt.scatter(X_scaled[:, 0], X_scaled[:, 1], c=y, cmap=
    mglearn.cm2, s=60)
plt.title("original cluster")
plt.subplot(212)
plt.scatter(X_scaled[:, 0], X_scaled[:, 1], c=clusters,
    cmap=mglearn.cm2, s=60)
plt.title("DBSCAN cluster")
plt.show()

```

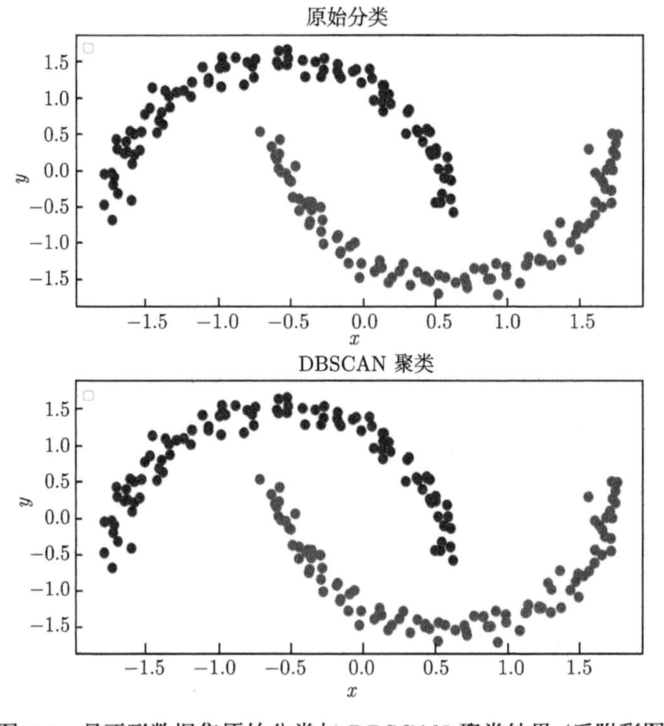

图 6.4　月牙形数据集原始分类与 DBSCAN 聚类结果 (后附彩图)

6.2.5 聚类方法的对比与评价

上面我们共分享了三种典型的聚类算法思想，可以看到，它们都有自己的优势和缺点。事实上，机器学习中有很多改进的聚类算法，包括 Mini Batch K-Means 方法、Spectral Clustering 方法、Gaussian Mixture 方法等，这些算法在 sklearn 中都有相应的函数，其具体的思想伪代码此处就不一一介绍了，感兴趣的读者可以自行查阅函数说明文档。

为了方便读者直观了解不同聚类方法的差异，图 6.5 展示了不同聚类方法对不同形状的数据集的聚类效果，绘制该图的代码可以从 https://scikit-learn.org/stable/auto_examples/cluster/plot_cluster_comparison.html#sphx-glr-auto-examples-cluster-plot-cluster-comparison-py 中找到。

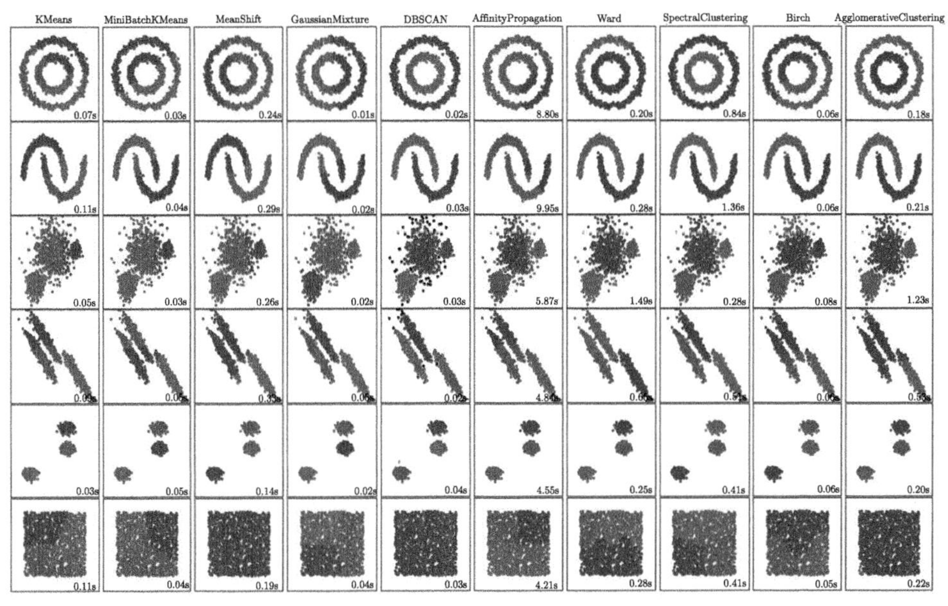

图 6.5 十种不同的聚类方法对不同形状的数据集的聚类效果及效率比较 (后附彩图)

图 6.5 中的十种聚类方法分别为：K-Means 方法、Mini Batch K-Means 方法、Mean Shift 方法、DBSCAN 方法、Gaussian Mixture 方法、Affinity Propagation 方法、Spectral Clustering 方法、Ward 方法、Agglomerative Clustering 方法、Birch 方法。图中右下角显示了每种方法所需要的处理时间。可以看到，对于形状奇特的环形或带状数据集，DBSCAN 方法、Spectral Clustering 方法和 Agglomerative Clustering 方法的表现较好，尤其以 DBSCAN 方法的表现最好且用时较短；对于鲜明的块状数据集，各个方法的聚类效果都还不错，尤其以 Mean Shift 方法效果最佳，且处理时间较为合理。综合来看，不论是哪种方法都会有一定的局限性，因

而在实际应用中我们应当选取合适的聚类方法。可以尝试不断测试或加以解释，力求得到合理有效的聚类结果。

6.3 用聚类方法对银行信贷质量分类

通过上述学习，我们知道了聚类的一些基本算法。在实际应用中，我们来看看可以用它做些什么。

从目前的市场来看，绝大多数银行的贷款额度审批都有一个具体的人工审核机制，这样的机制将花费大量的人力物力。而像花呗、芝麻信用则是根据消费记录、信用记录、个人信息等经过一定的计算得出。近年来，更多的金融机构或贷款应用程序开始依据用户所填写的基本信息，进而获得身份验证信息、反欺诈名单、银行卡消费查询、社保信用卡授权等多方面数据，根据信用风控和授信模型，最后确定给予用户的授信额度，该流程如图 6.6 所示。

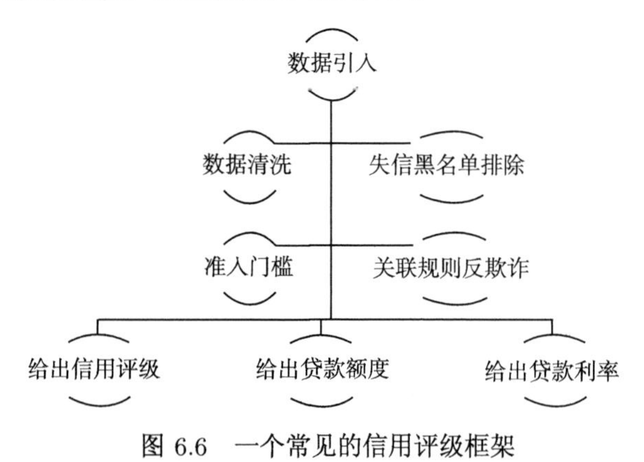

图 6.6 一个常见的信用评级框架

因此，完整的授信额度确认是一个较为复杂的过程。这里，我们将只考虑风控授信模型中的一小步 —— 用户分类，来看看聚类的作用。在不考虑数据的获取和风控模型的情形下，我们想要解决的问题有：①在目标变量未知的情况下，将信用风险相近的用户分为一类，同一类授予相同的信用额度；②对于之后加入的新用户，可以确定其所属类别，并确定该用户额度。

6.3.1 分析框架

事实上，对于授信额度的确认，我们最先应该想到的是直接套用随机森林模型，用已经确定的用户的授信额度训练模型，然后再应用于新用户。但是，结果表明随机森林给出的额度并不理想。

因此，我们的新思路是：先对所有用户进行聚类，确定每一个用户所属类别，如果同一类的历史授信额度相近，说明聚类正确，那么给这一类一个统一的授信额度即可；利用这个聚类标签，可以训练一个随机森林模型，新进入的用户可以直接用随机森林模型判断分类，从而把该类的信用额度直接赋予此新用户。这样，前面的两个问题迎刃而解。

当然，重新考虑这一问题，我们将会发现新的思路。实际上，我们没必要在聚类之后使用随机森林模型。改进的办法是，当有新用户进入或某些用户信息有更新时，直接再做一次聚类，如果聚类中心发生了变化，说明这一类簇的授信额度应当重新评估。这样，我们不仅做到了对新用户授予授信额度，同时做到了根据聚类中心来更新授信额度这一举措。这两种思路的流程图见图 6.7，随机森林模型将在后续章节介绍，本章只介绍反复利用聚类来更新用户额度和确定新用户额度的方法。

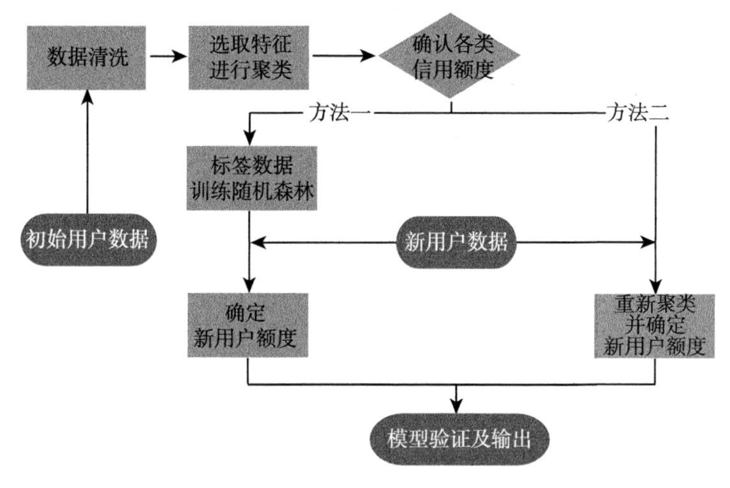

图 6.7 确定授信额度的两种简单思路

需要说明的是，对于同一类簇的授信额度的确定，既可以通过专家评估其中某几个用户的授信额度来代表该类的授信额度，也可以直接利用该类簇中部分用户的历史授信额度来评估该类的授信额度。其具体方法不在本书的考虑范围内，下文仅以一个简单的实际应用来说明聚类的用法。

6.3.2 数据准备

在任何一个实际的机器学习模型中，数据清洗往往是最为烦琐但也是最重要的。在对用户数据脱密处理后，这里以 471 位用户的贷款信息为例，解释说明数据清洗的过程。

给出的原始数据中，包含的信息可以分为基本信息、征信数据、业务信息、担保信息四大类以及每个用户对应的由专家给定的一个大致可靠的授信额度。对于每一大类信息，又包含各种具体的字段信息，一共有 94 个字段。每个用户的每个字段都有不同的取值，取值的具体含义此处不一一解释。具体包含的字段展示如表 6.1 所示。

表 6.1　用户原始数据中包含的字段信息汇总

所有类别	具体包含的字段信息
基本信息	借据编号、发放日期、合同编号、贷款金额、本金还款间隔、利息还款间隔、贷款期限月数、出生日期、年龄、性别、婚姻状况、户籍性质、学历、居住状况、行业、职务、职业、职称、是否本行员工、净资产、家庭人口数、民族、目前单位工作年限、目前行业工作年限、个人月收入、家庭月收入
征信数据	个人住房贷款笔数、个人商用房贷款笔数、其他贷款笔数、贷记卡账户数、单月最高逾期总额 (贷款)、单月最高逾期总额 (贷记卡)、最长逾期月数 (贷款)、最长逾期月数 (贷记卡)、发放未结清贷款的法人机构数、发放未结清贷款的机构数、未结清贷款的笔数、未结清贷款的合同总额、未结清贷款的余额、未结清贷款的最近 6 个月平均应还款、未销户贷记卡的发卡法人机构数、未销户贷记卡的发卡机构数、未销户贷记卡的账户数、未销户贷记卡的授信总额、未销户贷记卡的已用额度、未销户贷记卡的最近 6 个月平均使用额度、最近一个月查询机构数 (贷款审批)、最近一个月查询机构数 (信用卡审批)、最近一个月查询次数 (贷款审批)、最近一个月查询次数 (信用卡审批)、最近 2 年内的查询次数 (贷后管理)、信用卡账户额度使用率、最早信用卡账龄、最早贷款账龄、最早信贷账户账龄、最大信贷账户数、最近一个月总查询次数、最近一个月总查询机构数
业务信息	购房–建筑面积、购房–单价、购房–房屋总价、购房–首付金额、购房–首付比例、购房–首付款来源、购房–按揭贷款成数、购房–房屋形式、购房–房产类型、购房–是否开发商担保、购房–套数认定、是否涉农、贷款行业投向、是否代发工资客户
担保信息	有无抵押、有无质押、有无保证、抵押物笔数、质押物笔数、保证笔数、保证金额、抵押物类型–房产的抵押物笔数、抵押物类型–不动产 (除房产外) 的抵押物笔数、抵押物类型–动产的抵押物笔数、抵押物类型–其他抵押物的抵押物笔数、抵押物所有权属–本人所有的抵押物笔数、第三方质押–非第三方质押的质押物笔数、第三方质押–第三方质押的质押物笔数、质押物类型–存单/国债质押的质押物笔数、质押物类型–非存单/国债的有价证券质押的质押物笔数、抵押物总评估价值、质押物总评估价值、抵质押物总评估价值、抵押物担保主债权、质押物担保主债权、是否二手房、生命周期价值、担保类型

对数据的清洗筛选工作包括删除无效变量、文字类别处理成哑变量、缺失值处理、数据标准化四步。经过观察变量的特征，去除一些无效变量，最终我们留下了 73 个字段：贷款额度作为效果的参照，72 个字段用于聚类。随后，需要对数据进行缺失值处理以及标准化。这里，我们根据各字段含义填充缺失值，一般 0 为默认值，故直接将缺失值补为 0。标准化函数采用的是 sklearn. preprocessing 中的 StandardScaler 函数，各样本特征转化为均值为 0、方差为 1 的特征序列。Python 代码如下：

```
1  # * coding: utf 8 *
2  #读取清洗数据
```

```
3  data=pd.read_excel(".\\信用模型实验数据集.xlsx") #文件路径
4  #留下可用指标
5  first_data=data[['LOAN_AMT','LOAN_TERM_MONTH','APP_AGE',
       'APP_SEX',
6  'APP_MARRIAGE', 'APP_EDU', 'APP_FMSTATUS',
7  'APP_HEADSHIP', 'APP_POSITION', 'APP_ISEMPLOYEE',
8  'APP_NETASSET','APP_FMYMEMBER','APP_NATION','APP_WRKYR',
       'APP_INDYR',
9  'APP_MTHINCOME','APP_MTHFMINCOME','HSE_NUM','BUSHSE_NUM',
       'OTH_NUM',
10 'CRD_NUM','LOAN_MAXDUE_AMT','CARD_MAXDUE_AMT',
       'LOAN_MAXDUE_NUM',
11 'CARD_MAXDUE_NUM','LPORGNUM','ORGNUM','LOAN_NUM',
       'LOAN_BAL',
12 'LOAN_DUEAMT_LST6','USCRD_LPORG','USCRD_ORG','USCRD_NUM',
13 'USCRD_SUM','USCRD_USEDSUM','USCRD_AMT_LST6',
       'LOAN_QUERY_ORG_LST1',
14 'CARD_QUERY_ORG_LST1','LOAN_QUERY_NUM_LST1',
       'CARD_QUERY_NUM_LST1',
15 'MANAGE_NUM_LST24','CC_USEDRATE','CC_FIRST_MOB',
       'LN_FIRST_MOB',
16 'CREDIT_FIRST_MOB','CREDIT_OTD_ACCT_NUM',
       'PBOC_QUERY_NUM_LST1',
17 'PBOC_QUERY_ORGNUM_LST1','APP_ISARG','FLAG_LN_MORT',
18 'FLAG_LN_IMPW','FLAG_LN_ASSURE','MORT_NUM','IMPW_NUM',
       'ASSURE_NUM',
19 'ASSURE_AMOUNT','MORT_HOUSE_NUM','MORT_LAND_NUM',
       'MORT_MOVEABLE_NUM',
20 'MORT_OTHER_NUM','MORT_OWN_SELF_NUM',
       'IMPW_NOTHIRDPARTY_NUM',
21 'IMPW_THIRDPARTY_NUM', 'IMPW_BILL_NUM', 'IMPW_NOBILL_NUM',
22 'MORT_ASSESS_VALUE','IMPW_ASSESS_VALUE',
       'GUAR_ASSESS_VALUE',
23 'MORT_RIGHTS', 'IMPW_RIGHTS', 'HOUSE_ISSECONDHAND', 'LTV',
24 'APP_VOUCHTYPE']]
25 #补全缺失值
26 first_data=first_data.fillna(0)
27 #标准化
28 X_data=first_data.iloc[:,1:]
29 scaler=StandardScaler()
30 scaler.fit(X_data)
31 X_scaled = scaler.transform(X_data)
32 second_data=pd.DataFrame(data=X_scaled,columns=first_data.
       columns[1:])
33 second_data['LOAN_AMT']=first_data['LOAN_AMT']
34
```

6.3.3　模型初试

根据模型初步想法，我们先在第一个时间点对初始用户数据使用聚类方法，对 72 个标准化的字段进行聚类，并依据同类的贷款额度平均值确定该类的贷款额度。在第二个时间点新用户进入，直接用之前训练好的聚类模型对新用户进行分类，并赋予该用户所属类别的贷款额度。我们把这个想法实现为代码，并封装成函数，其中聚类选取的特征、聚类方法和聚类数目、同类贷款额度的确认方法等都可以作为可调参数，以方便后续进行改进、调参和测试。

函数需要输出一个衡量模型好坏的指标得分，这里粗糙地设定为贷款额度给正确的数量/总用户量。所谓贷款额度给正确的数量是指模型给的贷款额度与专家给的参照贷款额度的相差比例在 5% 以内。这样，在初始用户聚类时给定一个得分，在新用户进入时，也给定一个得分。得分越接近 1，说明模型聚类的效果或者对新用户的效果越好。以下直接给出这个函数的代码：

```
def only_one_cluster(train,test,character=range(72),method=
    'kmeans',theory='mode',n_clusters=0):
# 对原始用户选择聚类器聚类
if method=='kmeans':
clus=KMeans(n_clusters).fit(train.iloc[:,character].values)
else:
clus=MeanShift().fit(train.iloc[:,character].values)
print("MeanShift聚类个数为: %d类"%len(set(clus.labels_)))
clus_result=clus.labels_
train['聚类']=clus_result
#对同一类的给予同一个授信额度
if theory=='mode':
cluster_amount=train.groupby('聚类')['LOAN_AMT'].agg(lambda
    x:  stats.mode(x)[0][0])
else:
cluster_amount=train.groupby('聚类')['LOAN_AMT'].mean()
amount=[]
for cluster in train['聚类'].tolist():
amount.append(cluster_amount[cluster])
train['聚类分配额度']=amount
train['误差']=(train['聚类分配额度']-train['LOAN_AMT'])/train
    ['LOAN_AMT']
score1=sum(train['误差'].apply(lambda x:x<0.05 and x>-0.05))/len(train)
#print("原始用户误差范围内准确率: %f"%score1)

#对新用户，可以直接用原来的聚类中心
clus_result=clus.predict(test.iloc[:,0:72].values)
test['聚类']=clus_result
amount=[]
for cluster in test['聚类'].tolist():
```

```
28 amount.append(cluster_amount[cluster])
29 test['聚类分配额度']=amount
30 test['误差']=(test['聚类分配额度']-test['LOAN_AMT'])
       /test['LOAN_AMT']
31 score2=sum(test['误差'].apply(lambda x:x<0.05 and x>-0.05))
       /len(test)
32 #print("新用户进入时直接判定类别, 新用户误差范围内准确率: %f"%
       score2)
33 return train.copy(),test.copy(),score1,score2
34
```

对于已经预处理好的数据集，我们将其分成两部分：原始用户数据、新用户数据。这样，我们测试中就可以对比两个时间点的测试结果，从而模拟现实中的情况。一般我们取原始用户数据的范围在 70%～95%，这也是为了与现实中的情况近似。

```
1 #取原始用户集和新用户集
2 train=second_data.sample(frac=0.8)
3 rowlist=[]
4 for indexs in train.index:
5 rowlist.append(indexs)
6 test=second_data.drop(rowlist,axis=0)
7
```

对于分好的数据集，调用函数 train, test, score1, score2=only_one_cluster(train, test, method='kmeans', theory='mode', n_clusters=25) 即可得出两个用户数据集分别的得分 score1 和 score2。为了保证模型测试的稳定性，将模型测试足够多次并将 (score1, score2) 画成散点图，求出两者的平均值。当函数参数设置为初始用户数据占 75%、用 K-均值聚成 25 类、贷款额度选择用众数 (mode) 时，运行 500 次，结果如图 6.8 所示。可以看到点基本分布在 $y = x$ 附近，显然，这种前后采用同一聚类

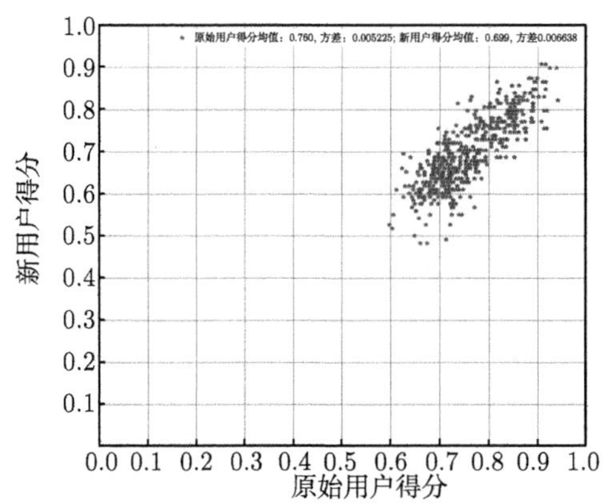

图 6.8 frac=0.75，method=kmeans，theory=mode，n_clusters=25；运行 500 次的模型表示

表 6.2　用图 6.8 部分聚类结果举例

质押物类型–存单/国债质押的质押物笔数	质押物类型–非存单/国债的有价证券质押的质押物笔数	抵押物总评估价值	质押物总评估价值	抵质押物总评估价值	抵押物担保主债权	质押物担保主债权	是否二手房	生命周期价值	担保类型	贷款金额	聚类	聚类分配额度	误差
0	0	−0.47714	0	−0.47714	−0.47714	0	0	−0.88871	0.316532	100000	24	100000	0
0	0	−0.40004	0	−0.40004	−0.40004	0	0	0.408425	0.316532	60000	24	100000	0.666667
0	0	−0.56322	0	−0.56322	−0.56322	0	0	0.385184	0.316532	240000	18	240000	0
0	0	−0.8235	0	−0.8235	−0.8235	0	0	2.194446	−2.85553	80000	3	80000	0
0	0	−0.22054	0	−0.22054	−0.22054	0	0	−1.26875	0.316532	180000	16	180000	0
0	0	0.003836	0	0.003836	0.003836	0	0	−0.76072	0.316532	180000	16	180000	0
0	0	0.567632	0	0.567632	0.567632	0	0	−1.92577	0.316532	60000	4	60000	0
0	0	1.339077	0	1.339077	1.339077	0	0	0.433726	0.316532	20000	17	20000	0
0	0	−0.48122	0	−0.48122	−0.48122	0	0	−0.16112	0.316532	30000	13	30000	0
0	0	−0.00759	0	−0.00759	−0.00759	0	0	0.445493	0.316532	60000	4	60000	0
0	0	−0.55098	0	−0.55098	−0.55098	0	0	−0.75538	0.316532	160000	16	180000	0.125
0	0	0.844226	0	0.844226	0.844226	0	0	−1.35366	0.316532	100000	0	100000	0
0	0	−0.49999	0	−0.49999	−0.49999	0	0	0.260967	0.316532	240000	18	240000	0
0	0	−0.29724	0	−0.29724	−0.29724	0	0	−0.24595	0.316532	100000	0	100000	0
0	0	0.787928	0	0.787928	0.787928	0	0	−1.42153	0.316532	50000	7	50000	0
0	0	0.033209	0	0.033209	0.033209	0	0	−0.85928	0.316532	60000	4	60000	0
0	0	−0.34905	0	−0.34905	−0.34905	0	0	0.374813	0.316532	60000	4	60000	0

续表

质押物类型–存单/国债质押的质押物笔数	质押物类型–非存单/国债的有价证券质押的质押物笔数	抵押物总评估价值	质押物总评估价值	抵质押物总评估价值	抵押物担保主债权	质押物担保主债权	是否二手房	生命周期价值	担保类型	贷款金额	聚类	聚类分配额度	误差
0	0	−0.35109	0	−0.35109	−0.35109	0	0	0.392128	0.316532	100000	0	100000	0
0	0	1.262299	0	1.262299	1.262299	0	0	−0.78479	0.316532	90000	1	90000	0
0	0	−0.39555	0	−0.39555	−0.39555	0	0	−0.85663	0.316532	50000	10	50000	0
0	0	2.354624	0	2.354624	2.354624	0	0	−0.19303	0.316532	20000	17	20000	0
0	0	−0.58158	0	−0.58158	−0.58158	0	0	0.395355	0.316532	50000	24	100000	1
0	0	2.848106	0	2.848106	2.848106	0	0	−1.75689	0.316532	90000	1	90000	0
0	0	−0.31151	0	−0.31151	−0.31151	0	0	−0.38369	0.316532	30000	13	30000	0
0	0	−0.56241	0	−0.56241	−0.56241	0	0	0.008255	0.316532	100000	0	100000	0
0	0	−0.06103	0	−0.06103	−0.06103	0	0	0.419604	0.316532	180000	7	50000	−0.72222

模型的方法，在原始用户数据集和新用户数据集中的结果相近。同时，在该参数设置下原始用户和新用户的平均得分分别在 0.760 和 0.699 左右，方差均在 0.0055 附近。效果已经十分不错，但模型仍然有许多参数需要调节和改进的空间。表 6.2 为部分聚类结果举例。

6.3.4 模型改进

对于贷款额度确认问题，主要有两个改进思路：一是在模型思路上改进；二是模型测试时在参数选择上改进，包括原始用户数量与新用户数量之比、聚类字段的选择、数据是否应该标准化、聚类算法的选择、聚类中心的个数、同类贷款额度是选择用众数还是平均数等。

1. 不同的模型思路

对于第一个思路，这里给出一个可能的方案。对于有新用户来的时间点，直接用所有用户数据进行重新聚类，而不是用之前的聚类模型，从而赋予用户一个贷款额度。这样聚类数据量更大，聚类效果更好。同时在实际应用中也有新的意义——新用户到来时，既能给新用户一个贷款额度，也可以更新原始用户的贷款额度。

存在的一个问题是，在这种聚类下，新用户的聚类标签可能在原始用户中没有出现过，因而无法判定贷款额度。这也是本思路的一个优势——发现新类型用户，这种用户应当由专家重新评审给予额度，这里不加以讨论，直接赋予贷款额度为 0。将本思路写成函数 second_data2, train, test, score1, score2=newcomer_all_cluster (second_data, train, test, character=range(72), method='kmeans', theory='mode', n_clusters =0)，Python 代码同样简单。

为了保证模型测试的稳定性，同样将模型测试 500 次并将 (score1, score2) 画成散点图。当函数参数设置为原始用户数据占 75%、用 K-均值聚成 25 类、贷款额度选择用众数时，运行 500 次，结果如图 6.9 所示。可以看到在该参数设置下原始用户和新用户平均得分分别在 0.75 和 0.72 左右，方差依然均在 0.0055 附近。显然，可以看到本模型下对于新用户的平均得分比之前的模型要好一些，十分理想。而对于原始用户，平均得分反而没有那么高，侧面印证了新用户加入后，应当重新评估每一类的贷款额度，而不仅仅是利用同类均值或众数。

2. 不同的聚类算法和参数

最后，再来看看算法参数对模型的影响。实际上，在编写前述函数时，就已考虑到聚类字段的选择、不同聚类算法、同类贷款额度是选择用众数还是平均数等因素。因此，此处我们只需代入不同参数来对比一下结果。这里以不同聚类算法、同类贷款额度是选择用众数还是平均数两个因素为例。

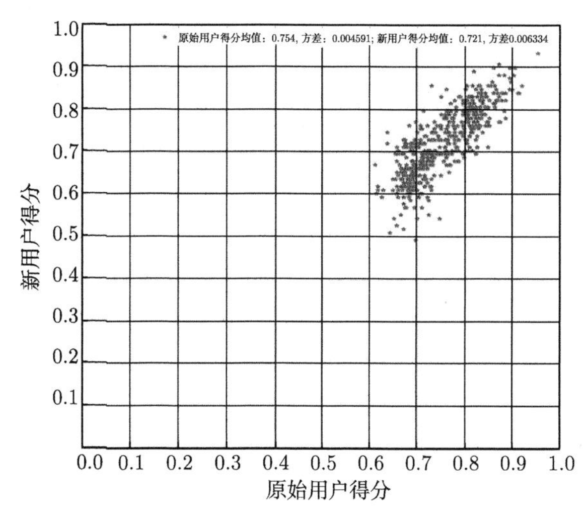

图 6.9 frac=0.75，method=kmeans，theory=mode，n_clusters=25；运行 500 次 (二)

对于聚类参数，这里给出在上述新思路中使用 K-均值在不同聚类数目下的平均得分结果，如图 6.10 所示。可以看到，聚类数目在 40 以后平均得分达到基本稳定，在 30 类后方差开始降低，说明模型效果不错。对于聚类算法，读者可以自行尝试前文提到的各种聚类函数，这里以均值迁移为例。在上述新思路中使用均值迁移算法，所有用户自动聚类个数为 46。其运行速度比 K-均值要慢。相同参数下，其结果如图 6.11 所示。可以看到，效果非常差，这说明基于密度的均值迁移聚类算法在此处并不合适。

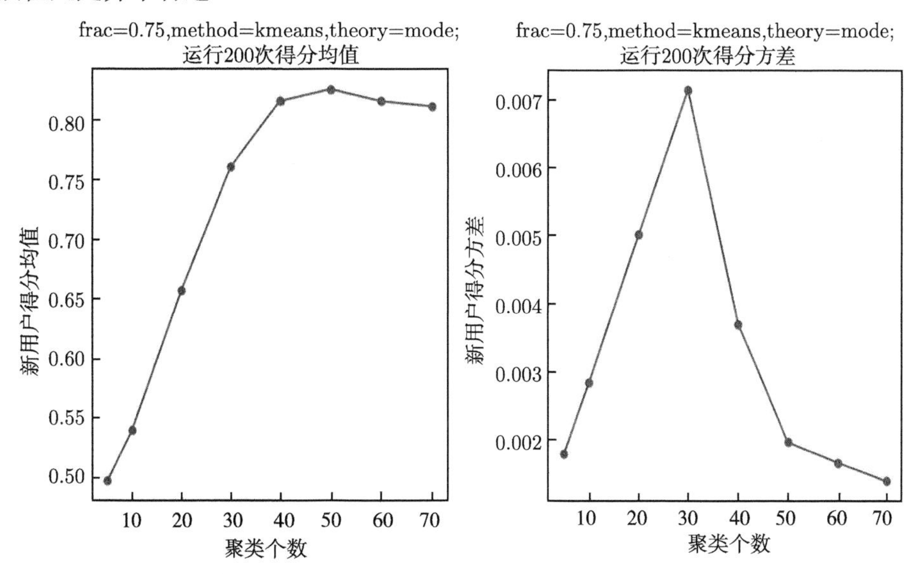

图 6.10 K-均值采用不同聚类数目下各运行 200 次的得分均值和方差变化

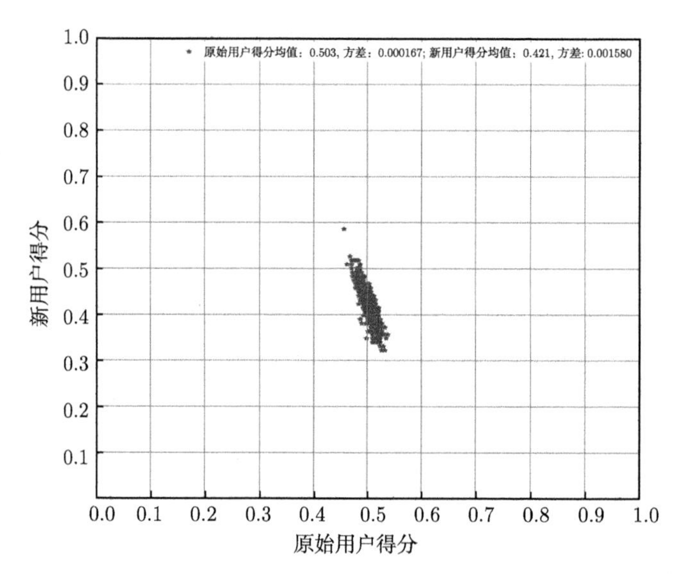

图 6.11　frac=0.75，method=meanshift，theory=mode，n_clusters=46；运行 500 次

对于同类贷款额度是选择用众数还是平均数，也可以测试一下结果。实际上，前文选用众数作为参考是经过测试的。这里展示一下如果选用平均数得到的结果，如图 6.12 所示。表 6.3 为部分聚类结果举例。

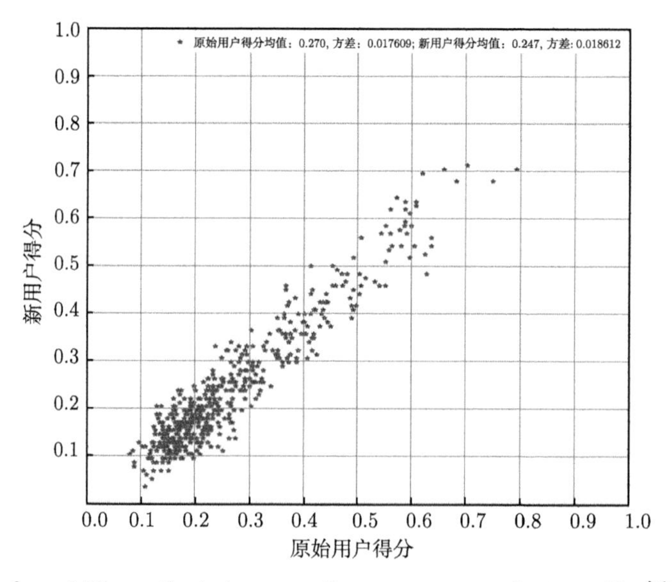

图 6.12　frac=0.75，method=kmeans，theory=mean，n_clusters=25；运行 500 次

表 6.3 用图 6.12 部分聚类结果举例

质押物类型–存单/国债质押的质押物笔数	质押物类型–非存单/国债的有价证券质押的质押物笔数	抵押物总评估价值	质押物总评估价值	抵质押物总评估价值	抵押物担保主债权	质押物担保主债权	是否二手房	生命周期价值	担保类型	贷款金额	聚类	聚类分配额度	误差
0	0	−0.48938	0	−0.48938	−0.48938	0	0	0.422003	0.316532	240000	21	116057	−0.51643
0	0	0.387315	0	0.387315	0.387315	0	0	0.293069	0.316532	100000	6	84166	−0.15833
0	0	−0.34701	0	−0.34701	−0.34701	0	0	0.357646	0.316532	50000	12	82325	0.646512
0	0	−0.28581	0	−0.28581	−0.28581	0	0	0.345528	0.316532	60000	15	60000	0
0	0	−0.56485	0	−0.56485	−0.56485	0	0	0.226644	0.316532	60000	6	84166	0.402778
0	0	−0.56322	0	−0.56322	−0.56322	0	0	0.385184	0.316532	240000	1	47500	−0.80208
0	0	0.313883	0	0.313883	0.313883	0	0	−1.33524	0.316532	100000	21	116057	0.160577
0	0	−0.8235	0	−0.8235	−0.8235	0	0	2.194446	−2.85553	80000	2	80000	0
0	0	−0.33885	0	−0.33885	−0.33885	0	0	−0.2003	0.316532	60000	15	60000	0
0	0	−0.62034	0	−0.62034	−0.62034	0	0	0.344817	0.316532	60000	6	84166	0.402778
0	0	−0.49999	0	−0.49999	−0.49999	0	0	0.260967	0.316532	240000	21	116057	−0.51643
0	0	1.624238	0	1.624238	1.624238	0	0	−1.10913	0.316532	90000	5	100000	0.111111
0	0	−0.57097	0	−0.57097	−0.57097	0	0	0.414413	0.316532	100000	21	116057	0.160577
0	0	−0.49754	0	−0.49754	−0.49754	0	0	0.231708	0.316532	180000	6	84166	−0.53241
0	0	−0.19606	0	−0.19606	−0.19606	0	0	0.155138	0.316532	60000	15	60000	0
0	0	−0.13079	0	−0.13079	−0.13079	0	0	0.312966	0.316532	60000	15	60000	0
0	0	−0.8235	0	−0.8235	−0.8235	0	0	2.194446	−2.85553	80000	2	80000	0

续表

质押物类型–存单/国债质押的质押物笔数	质押物类型–非存单/国债的有价证券质押的质押物笔数	抵押物总评估价值	质押物总评估价值	抵质押物总评估价值	抵押物担保主债权	质押物担保主债权	是否二手房	生命周期价值	担保类型	贷款金额	聚类	聚类分配额度	误差
0	0	−0.37964	0	−0.37964	−0.37964	0	0	0.115421	0.316532	100000	21	116057	0.160577
0	0	1.656874	0	1.656874	1.656874	0	0	0.391797	0.316532	20000	0	26666	0.333333
0	0	−0.53181	0	−0.53181	−0.53181	0	0	0.441416	0.316532	180000	12	82325	−0.54264
0	0	−0.57546	0	−0.57546	−0.57546	0	0	0.391797	0.316532	60000	6	84166	0.402778
0	0	−0.3878	0	−0.3878	−0.3878	0	0	0.185661	0.316532	100000	21	116057	0.160577
0	0	0.856301	0	0.856301	0.856301	0	0	−1.93639	0.316532	90000	5	100000	0.111111
0	0	−0.8235	0	−0.8235	−0.8235	0	0	2.194446	−2.85553	130000	14	83846	−0.35503
0	0	0.889917	0	0.889917	0.889917	0	0	−1.69212	0.316532	90000	5	100000	0.111111
0	0	−0.44492	0	−0.44492	−0.44492	0	0	0.385184	0.316532	100000	21	116057	0.160577

6.4 聚类分析总结以及延伸应用

作为无监督学习算法，聚类算法的用途非常广，可以从聚类结果中发现很多有意思的信息。因而可以用它寻找到一些合理的分类值作为机器学习下一步的参数。但正因为是无监督学习，往往就需要针对不同类型的数据集选用不同的聚类算法，甚至采用不同的距离计算公式。除此以外，对聚类结果做合理的解释是一件比较困难的事情。

在上述应用场景中采用不同的聚类算法得出了不一样的结果，因此如何思考模型的构建以及使用怎样的聚类方法十分重要。而最重要的是，即使在结果是好的情况下，如何解释每一类用户的含义，仍然要做很多的工作。

聚类方法在所有商业领域都可以被应用于发现不同的客户群体，聚类是细分市场的有效工具，它可以用于研究消费者行为，寻找新的潜在市场。在互联网上，它可以分析出具有相似行为的客户群体，找出共同特征，并帮助互联网企业有效地获取客户。在生物上，聚类被用作植物的分类和基因的分类，通过它来获取对种群固有结构的认识。

第 7 章　基于随机森林模型的高频交易订单结构分析与价格变动预测

随机森林 (random forest) 是并行式集成学习方法 Bagging 的变体，是一种简单、易于使用、计算开销小的机器学习方法，但在许多问题中都能发挥很好的效果。高频交易指利用人们无法捕捉的短暂市场波动而进行的快速程序化交易。本章将尝试挖掘高频交易订单簿中蕴含的结构信息，利用随机森林方法预测市场行为，向读者展示该方法在实践中的应用[9−13]。

7.1　采用随机森林模型做高频交易

高频交易有两种信息值得关注：一种是整个市场众多参与者发出的订单流信息；另一种则是在某个时刻的订单结构，即交易者在各个价位想要成交的证券数量。前一类信息属于交易所内部信息，通常不容易获得，而后一类信息则有适当的渠道可以获得。因此，证券的订单结构便成为高频交易领域重点研究的对象[14−18]。

具体来讲，我们可以通过时刻 t 下市场的买卖挂单信息，预测市场微观结构的变动规律。典型的十档行情下股票的订单结构如图 7.1 所示，横坐标代表不同的挂单价格，纵坐标代表相应价格上挂单的总数量。根据这些信息，结合机器学习的方法，我们可以尝试预测未来价格、订单量等信息。

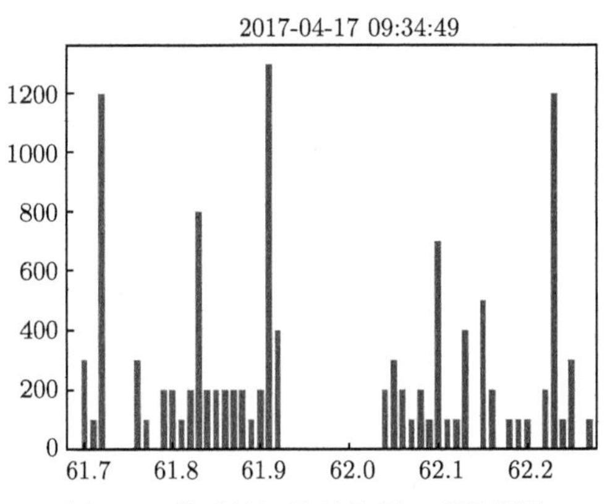

图 7.1　典型的订单结构图 (后附彩图)

在金融资产的实际交易过程中，由于最小变动单位的存在，价格的变动可以从一个回归问题转化为分类问题，且在高频交易过程中，短时间内价格并不会发生较大变化，因此，价格的变动可以从一个回归问题转化为多分类问题。

在这个问题下，我们选择随机森林模型，并对买卖十档订单量与未来价格变动进行建模，尝试预测未来买卖一档价格、订单量等指标的变动情况。从直觉上讲，买卖十档订单量等深度行情数据，蕴含着当前时刻交易买卖双方的情绪、预期价格等信息，根据这些信息可以对未来市场微观结构的变动做出预测。但该方法是否有效则需要进一步的实证检验[19]。

7.2 随机森林模型介绍

随机森林是一种常见的集成学习 (ensample learning) 方法。所谓集成学习，就是通过构建多个学习器，并结合每个学习器来完成学习任务。与单个学习器的方法不同，集成学习可以构建多个不同的基学习器，并将这些基学习器聚合起来，从而提高模型性能，通常分为 Bagging 和 Boosting 两大类。简单地说，Bagging 同时构建多个基学习器，利用基学习器之间的独立性提高模型的性能，避免在样本内出现过拟合，通常具有泛化能力强的特点。Boosting 希望后面的学习器能够避免前面学习器的错误，对误判样本加以更大权重，一般具有较高的准确度。本章介绍的随机森林算法是一种典型的 Bagging 集成方法。

随机森林在以决策树为基学习器构建 Bagging 集成的基础上，进一步在决策树的训练过程中引入了随机属性选择。传统决策树在划分属性时是选择当前节点属性集合 (假定有 n 种属性) 中的一个最优属性。而在随机森林中，先从决策树的每个节点的属性集合中随机选择包含 k 个属性的子集，然后在这个子集中选择一个最优的属性用于划分。这里的参数 k 控制了随机性的引入程度。当 $k=n$ 时，基决策树的构建与传统决策树相同；若令 $k=1$，则相当于随机选取一个属性用于划分。通过在基学习器中加入样本扰动与属性扰动，集成模型的泛化性得以进一步提升，有效防止了过拟合的发生。

随机森林的原理，可以从“随机”与“森林”两个部分解释。随机是指通过不放回抽样，构建独立同分布的样本集合。森林就是指模型采用多棵决策树作为基分类器，将样本集合中的不同样本加入到决策树中，即可以获得一组预测结果。为了透彻理解随机森林这一算法，必须仔细讨论其基分类器决策树的基本原理。

7.2.1 决策树

决策树 (decision tree) 一般作为一种分类、有监督的学习方法，其应用十分广泛，概念也不仅仅局限于机器学习领域。例如，在发放信用卡方面，银行可以根据工作、年龄、收入等角度审核申请人的还款能力 (图 7.2)。

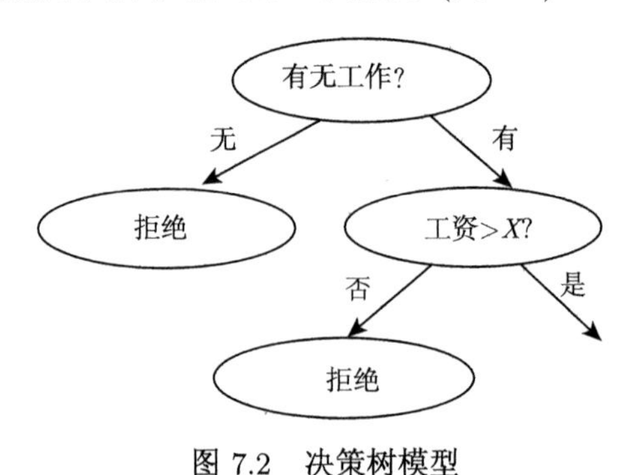

图 7.2　决策树模型

现实模型当然远比上述例子复杂。但可以体会决策树的基本思想: ①依赖指标将样本逐步分类; ②最重要的指标将最早出现; ③对于数值指标，需要寻找合适的阈值。

因此，需要一个评判标准，鉴定指标对样本预测能力的贡献大小，常见的方法是基于信息熵构建。

7.2.2　信息熵

$$H(X) = -\sum_{x} P_x \ln \mathrm{P}_x$$

用于衡量样本的信息纯度。考虑抛硬币这个简单游戏，记抛出正面概率为 P_1, 反面概率为 P_2。如果一枚硬币只会出现正面，直观而言，可以准确预测未来每一次抛硬币的结果。将 $P_1 = 1, P_2 = 0$ 代入，$H = 0$，此时信息完全确定。再考虑 $P_1 = P_2 = 1/2$ 的情形。直观角度，此时预测难度最大，不确定性最高。对于信息熵，可以证明此时熵最大，为 $H = \ln 2$。

熵提供了一种描述信息纯度的方法，但对于模型训练，更在意的是加入某一特征能使不确定性降低多少。为了描述这一现象，需要引入条件熵的概念:

$$H(Y|X) = \sum_{x} P(x) \ln H(Y|X = x)$$

该方程描述了已知 X 的分布，随机变量 Y 的不确定性大小，一个简单的变式可能更加直观:

$$H(Y|X) = -\sum_{x,y} P(x, y) \ln P(y|x)$$

考虑一个极端情况，随机变量 X、Y 完全无关，方程退化为 $H(Y)$。

有了以上准备，可以定义**信息增益**：

$$g(Y,X)=H(Y)-H(Y|X)$$

直观来说，信息增益 $g(Y,X)$ 就是已知 X 的分布情况时，对随机变量 Y 的不确定性减少的大小。对于决策树，自然优先选取信息增益最多的特征。对于数值变量，只需将其考虑为不同划分阈值构成的集合即可。

部分研究人员认为绝对数值的降低未必是最优解，更倾向于使用**信息增益比**的形式：

$$g_{r(Y,X)}=\frac{g\left(Y,X\right)}{H\left(Y\right)}$$

除此之外，还可利用基尼 (Gini) 系数表示样本纯度：

$$\text{Gini}=\ 1-\sum_{x}P_x$$

直观来说，基尼值反映了从数据集 D 中随机抽取两个样本，其类别不一致的概率。因此 Gini(D) 越小，数据集 D 的纯度越高。

对于常见的决策树算法，ID3 基于信息增益，C4.5 基于信息增益比，CART 基于基尼系数。

由于随机森林一般不易出现过拟合现象，所以剪枝等解决过拟合的技巧在此不再赘述，读者可自行查阅相关内容。

7.2.3 随机森林算法

随机森林的算法流程可分为四个步骤：①样本重抽样得到每个决策树训练集；②对于每个决策树，在每个节点上随机抽取部分特征进行训练；③训练每个决策树得到训练结果；④所有基学习器投票得到最终预测结果。

其中所谓的决策树训练方法即前文中提及的信息增益、信息增益比、基尼系数判断方法。在常见的机器学习包 sklearn 中，用户可以指定决策树的训练方法。一般来说决策树的训练方式对最终结果影响较小。

随机森林的步骤主要包括①基学习器的构造；②集成学习并得到分类结果。随机森林的第一步是构造每个基学习器，即决策树的构造。具体来说，随机森林中每个决策树的构建如下：第一步是从原始样本中进行 Bootstrap 重采样 (所谓 Bootstrap 重采样，就是从训练集中有放回地抽取固定个数的样本)，得到这个决策树的训练样本；第二步是从训练集所有可选的 d 个特征中随机地选取 d_1 个 (其中 $d_1<d$，一般选取 $d_1=\log_2 d$) 特征，以上一步得到的训练样本构造具有 d_1 个特征的决策树。随机森林的随机性就体现在对样本的 Bootstrap 重采样和对特征的随机选择中。图 7.3 为 Bagging 方法。

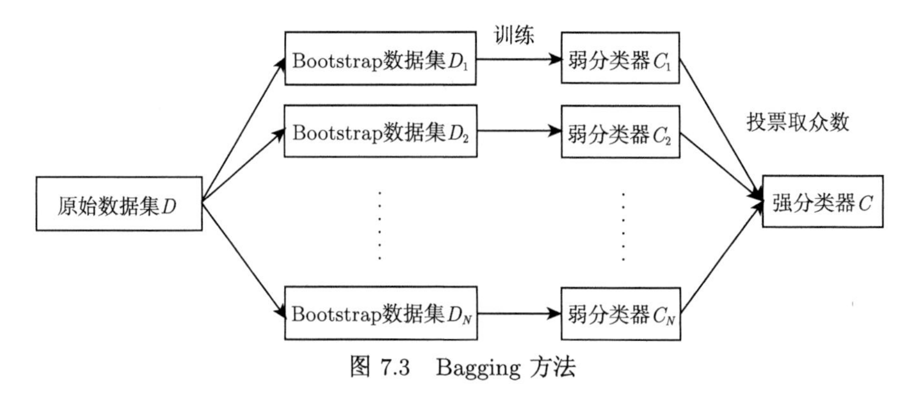

图 7.3 Bagging 方法

随机森林的第二步是得到分类结果。所有决策树训练好以后，保留各自选取特征的顺序等参数。将预测目标的特征输入，每一棵决策树将根据已学习内容，对新进入的特征进行判断，决定其所属类别，最终根据所有决策树投票表决，确定输出分类。

7.2.4 OOB 方法

不放回抽样是该随机森林方法的重要特征。采用该方法，可以确保每一决策树都可以对样本做出无偏估计，并由此引申出随机森林的一个重要特征：无须对其进行交叉验证或者用一个独立的测试集来获得误差的一个无偏估计。随机森林可以在内部进行评估，这便是所谓的 OOB(out of bag) 方法。考虑 n 次不放回抽样，一个样本始终未被抽到的概率：

$$P=\left(1-\frac{1}{n}\right)^n$$

n 趋于正无穷时，P 约为 $1/e$。对于通常的随机森林训练数据规模，P 很容易满足 1/3 的近似。对于 OOB，只需选取这些未出现的样本，即可对一棵决策树进行样本外检测。对每一棵决策树重复上述操作，取表决结果为最终结果，即可获得随机森林在样本外的估计效果。此验证效果近似于 K 折交叉验证。

7.2.5 参数选择概述

常见的机器学习软件包中一般都含有随机森林方法。对于该方法，一般认为决策树的个数 n 与每棵树的特征数 d 对分类的好坏起决定作用。从原理而言，随机森林的准确度取决于单一决策树的准确性 (正相关) 以及树之间的相似性 (负相关)。提升树、特征的数量将增加单一决策树的准确性，但也会使树之间的相似性大大提升。选取合适的 n,k 是随机森林训练的关键。一些经验方法建议选取 $k=\ln nk=\mathrm{sqrt}(n)$。

此外，一些软件包还提供决策树训练方法、树最大深度、叶节点特征数等约束条件。这些对结果的影响通常较小，读者可以根据具体问题进行更细致的尝试。

在介绍完随机森林的基本原理后，我们继续探究本章初提出的问题，将随机森林模型应用至高频交易的价格变动预测中。

7.3 高频交易订单结构信息挖掘

7.3.1 分析框架

如前文所述，在高频交易过程中的订单簿 (orderbook) 是竞价发生的地方，代表了每一时刻买卖双方的供给与需求。如果说成交数据表示已经发生的交易情况，那么订单簿中则展示买卖双方的意向，蕴含买卖双方的交易情绪。

根据上述分析，如果我们可以采用合适的模型挖掘订单结构中蕴含的信息，那么预测短时间内价格的变动情况是可行的；反过来，倘若我们成功预测了价格的变动，那么也可以说明订单簿中确实蕴含着交易信息。因此，我们尝试采用随机森林模型，以每个买卖价位上的订单量为输入，以买卖价格变动、成交量变动等为输出，进行上述问题的探索。

7.3.2 数据清洗

首先选取铜期货 cu1902 合约在 2018 年 12 月 7 日的夜盘数据。读取文件的代码如下：

```
1 import pandas as pd
2 data = pd.read_table('future_data\cu1902_volume_20181207night.txt',
      engine='python',delimiter=', ',encoding='gb2312',header
       = None)
3 for i in range(data.shape[0]):
4    if i <= 21557:
5       data.iloc[i,1]='2018-12-07'+data.iloc[i,1]
6    else:
7       data.iloc[i,1]='2018-12-08'+data.iloc[i,1]
8
```

在上一段程序中，我们将读取完毕的代码加上了相应的时间字符串，这是为了在后续处理中将表格各列转化为相应适当的格式，从而方便后续数据的处理，DataFrame 的格式转换部分如下段所示。同时，计算并加入了买卖一档价格平均值，用以代表当前的成交价，此后用中间价 (mid) 代指该数值。

```
1 data[1]=data[1].astype('datetime64')
2 data.set_index(1,inplace=True,drop=False)
3 data=data.resample('1s').last()
4 data[1] = (data[2]+data[3])/2
5
```

读取的表格格式见图 7.4，在表格中，列 0 为期货的名称，列 1 为记录点的时间，列 2、列 3 分别为对应时间的买卖 1 档的价格 (即最优买价与最优卖价)，接下来 10 列为 1~10 档的买单订单数量，最后 10 列为 1~10 档的卖单订单数量。值得注意的是，该数据的记录频率为每 0.5s 一次，因此通过重采样方法将其转化为 1s 的数据。

1	0	1	2	3	4	5	6	7	8	9	...	14	15	16	17	18	19	20	21	22	23
2018-12-07 21:00:01	cu1902	49245.0	49240.0	49250.0	4	32	43	85	18	23	...	2	31	29	14	13	14	8	1	10	5
2018-12-07 21:00:02	cu1902	49250.0	49240.0	49260.0	32	18	42	86	19	22	...	21	31	16	13	15	8	1	11	5	64
2018-12-07 21:00:03	cu1902	49245.0	49240.0	49250.0	46	26	42	86	21	22	...	2	24	41	16	13	16	8	10	11	6
2018-12-07 21:00:04	cu1902	49245.0	49240.0	49250.0	32	46	42	50	21	22	...	10	25	43	21		17	8	10	12	6
2018-12-07 21:00:05	cu1902	49245.0	49250.0	49260.0	7	51	54	42	50	21	...	10	46	32	16	17	12	10	12	6	66

图 7.4　铜期货数据表格示意图

经过这样读取以后，可以画出如图 7.5 所示的订单结构图，在可视化过程中我们忽略了不同挂单价位的具体数值，而使之在横坐标上从低到高均匀分布。在画出的图中，纵坐标代表挂单数量，红色代表买方挂单，绿色代表卖方挂单。

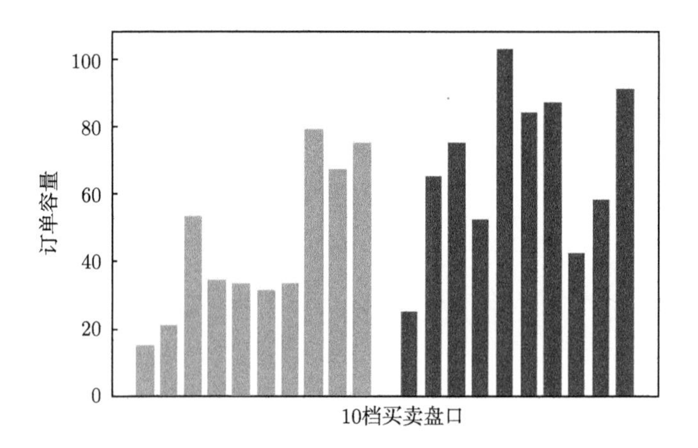

图 7.5　铜期货 21:31:00 时的订单结构图 (后附彩图)

下面为该算法的 python 代码核心部分。

```
import matplotlib.pyplot as plt
def draw(data,time):
Buy = data.loc[time,4:13]
Sell = data.loc[time,14:]
fig, ax = plt.subplots()
```

```
6  ax.bar(np.arange(0,10),Buy.values, color='red',width = 0.7)
7  ax.bar(np.arange(11,21),Sell.values, color='green',width
       = 0.7)
8  plt.xticks([])
9  plt.xlabel('Buy&Sell 10 levels')
10 plt.ylabel('Order Volume')
11 plt.show()
12
13 time ='2018-12-07 21:31:00'
14 draw(data,time)
15
```

直观上来讲，期货的价格是由买卖双方共同决定的。在交易过程中，若卖方的力量较强，即卖方 10 档挂单量较多，反映在图 7.5 中就是绿色柱的总面积较大，会导致价格的下跌；反之，价格则有可能会上升。这是一种简单、直观的想法，在上一代码清单给定的时间下，我们可以尝试画出其 10s 后的中间价走势，来验证我们的想法。

```
1 def MidAfterTime(data,time):
2     time2 = time[:-2]+'10'
3     mid = data.loc[time:time2,1]
4     plt.plot(mid)
5
6 time ='2018-12-07 21:31:00'
7 MidAfterTime(data,time)
8
```

从图 7.5 可以发现，在 21:31:00 时，期货的卖方显著多于买方，而在接下来的 10s 中，确实如同我们所料，在 21:31:04 发生了价格的下跌 (图 7.6)。这说明，

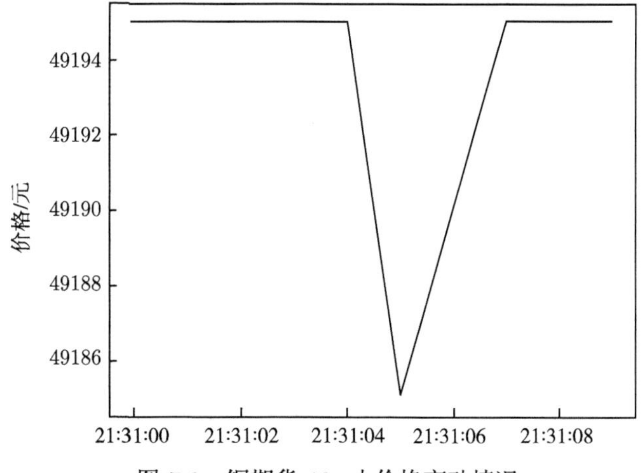

图 7.6 铜期货 10s 内价格变动情况

之前的简单猜想确实具有一定的可行性，但同时我们也应该明白，仅采用将买卖 10 档的订单量加总来判断的方法过于简单随意，且丢失了大量订单结构的信息，因此，本案例中决定采用随机森林的方法进行研究，并将与这里提到的简单加和预测的方法进行对比。

接下来，我们对之前得到的数据表格进行一定的处理，得到需要用到的训练数据。在本案例中，我们尝试对以下几项数据进行预测：以中间价的变动、买 1 价格 (即最高买价) 的变动、卖 1 价格 (即最低卖价) 的变动、买 1 订单量的变化、卖 1 订单量的变化这五项作为目标预测值，并分别比较这些值的预测效果。因为期货的价格与挂单手数均有最小变动单位的限制，且在短时间内不会发生较大变化，因此可以对这些变化量进行分类，从而将问题转化为分类问题。在训练集的选择上，如同之前所言，我们选择在某一时刻买卖 10 档 (共 20 个点) 挂单量作为训练集。除此之外，还有一个问题需要注意，那便是预测时分类个数的选择。例如，若将下一秒价格不变标记为 0，那么价格增加 1 个最小单位便应将类别记为 1，减少一个最小变动单位时将价格记为 $-1,\cdots$, 由此类推，可以将变动分为若干类，而我们必须对类别的数目进行限制。在此，通过一个函数 judgeClass1 构造类别，其中 muti 为相应预测值的最小变动单位，k 控制最大区分变动。例如，若 $k=2$，则所有大于等于 2 的变动将被记录为 2，所有小于等于 -2 的变动将被记录为 -2。我们将构造好的训练样本命名为 test，test 的构造程序如下：

```
nl=10
test = pd.DataFrame(columns = np.arange(0,2*nl+9))
k=2
def judgeClass1(num,lastnum,muti,k):
   num = round((num-lastnum)/muti)
   if num>=k:
      num=k
   elif num<=-k:
        num=-k
   else:
        num=0;
   return num
i = 0
for index,tick in data.iterrows():
   if i%1000 == 0:
      print(i,'/%d'%data.shape[0])
      Buy = tick[2]
      Sell = tick[3]
   if i>=1:
      lastmid = test.iloc[i-1,2*nl]
      lastBestBuy = test.iloc[i-1,2*nl+1]
      lastBestBuyV = test.iloc[i-1,2*nl+2]
      lastBestSell = test.iloc[i-1,2*nl+3]
```

```
lastBestSellV = test.iloc[i-1,2*nl+4]
else:
lastmid = np.nan
lastBestBuy = np.nan
lastBestBuyV = np.nan
lastBestSell = np.nan
lastBestSellV = np.nan
i = i+1
bestBuy = tick[2]
bestBuyV = tick[4]
bestSell = tick[3]
bestSellV = tick[14]
mid = (bestBuy+bestSell)/2
if i>1:
dmid = judgeClass1(mid,lastmid,10,1)
dBuy = judgeClass1(bestBuy,lastBestBuy,10,1)
dBuyV = judgeClass1(bestBuyV,lastBestBuyV,1,1)
dSell = judgeClass1(bestSell,lastBestSell,10,1)
dSellV = judgeClass1(bestSellV,lastBestSellV,1,1)
else:
dmid,dBuy,dBuyV,dSell,dSellV = 0,0,0,0,0
Buyarray = tick[4:14]
Sellarray = tick[14:]
temp = pd.DataFrame(np.concatenate((Buyarray,Sellarray,np.
    array([mid,bestBuy,bestBuyV,bestSell,bestSellV,dmid,
    dBuy,dBuyV,dSell,dSellV])),axis=0))
test = test.append(temp.T, ignore_index=True)
test[1] = test[1].shift(- 1)
test = test.dropna()
test = test.astype('int')

```

7.3.3 模型初试

经过处理，得到的训练集样本如图 7.7 所示，其中第 0~19 列为训练集，第 20~24 列分别为中间价、最优买价、最优买价挂单量、最优卖价、最优卖价挂单量，第 25~29 列则为对应的变动量。请注意，在 7.3.2 节的处理程序中，将变动量为下

	0	1	2	3	4	5	6	7	8	9	...	20	21	22	23	24	25	26	27	28	29
0	4	18	43	85	18	23	3	7	4	16	...	49245	49240	4	49250	2	0	0	0	0	0
1	32	26	42	86	19	22	3	7	5	20	...	49250	49240	32	49260	21	0	0	1	1	1
2	46	46	42	86	21	22	3	7	4	20	...	49245	49240	46	49250	2	0	0	1	−1	−1
3	32	51	42	50	21	22	3	7	4	25	...	49245	49240	32	49250	10	0	0	−1	0	1
4	7	29	54	42	50	21	22	3	8	4	...	49255	49250	7	49260	10	1	1	−1	1	0

图 7.7 铜期货处理后数据集示意图

一秒的数据与当前数据对比，我们可以针对未来情况进行预测。在此采用 $k = 1$，此时问题变为一个 (−1，0，1) 的三分类问题。

首先采用最简单随机森林模型，一些随机森林中的常见参数采用 sklearn 库默认值，决策树的数量为 10，预测结果为 10 棵树输出的平均值，为防止过拟合，使用随机划分的方法，将数据集按 7:3 的比例随机划分为训练集与测试集，并就预测结果计算了预测的准确率，相关代码如下：

```
from sklearn import metrics
from sklearn.model_selection import train_test_split
from sklearn import ensemble
X_train , X_test , Y_train , Y_test = train_test_split(test.
    iloc[:,:2*nl], test.iloc[:,-4], test_size=0.3, random_
    state=None)

def calAccuracy(test,num):
X_train , X_test , Y_train , Y_test = train_test_split(test.
    iloc[:,:2*nl], test.iloc[:,num], test_size=0.3, random_
    state=None)
clf = ensemble.RandomForestClassifier(n_estimators=10)
clf = clf.fit(X_train,Y_train)
score = clf.score(X_test, Y_test)
print(score)
return  score

```

对 num 从 −1 至 −5 分别取值，即可计算出对于中间价的变动 (dmid)、最优买价变动 (dBuy)、最优买价挂单量变动 (dBuyV)、最优卖价变动 (dSell)、最优卖价挂单量变动 (dSellV) 的预测值的准确率，准确率即预测正确样本占样本总数的比例，输出结果如表 7.1 所示。

表 7.1 随机森林初步预测准确率

dmid	dBuy	dBuyV	dSell	dSellV
92.23%	88.59%	46.92%	88.53%	46.39%

从表格中可以发现，该方法对于价格类变动量具有较好的预测结果，但对挂单量等变量的预测结果较差，这似乎是符合我们预期的。如同之前所讨论的结果，买卖双方的订单量会对未来价格变化产生影响，通过当前的订单结构，结合随机森林的机器学习方法，可以实现对未来价格变动的预测。但是，买卖双方的订单量却对未来双方在最优买价、最优卖价上的订单量变动影响较小，因为相对于价格，订单量的变化较容易发生 (因为只有某一价格的订单量全部被对方成交，或者有人报出了更优价格，价格类的变量才会发生变动)，更容易受到交易者个人行为的影响。但

我们并不应该这么早便下此结论。在机器学习任务中，对于分类问题，不仅仅应关注分类的整体精度，也应关注不同类别预测准确性的具体情况，而这可以通过所谓的混淆矩阵 (confusion matrix) 方法进行检验。尝试用以下代码计算预测结果的混淆矩阵。

```
from sklearn import metrics
def calConfusionM(test,num):
X_train, X_test, Y_train, Y_test = train_test_split(test.
    iloc[:,:2*nl], test.iloc[:,num], test_size=0.3, random_
    state=None)
clf = ensemble.RandomForestClassifier(n_estimators=10)
clf = clf.fit(X_train,Y_train)
y_pred_class = clf.predict(X_test)
confusionMatrix = metrics.confusion_matrix(Y_test, y_pred_
    class)
return confusionMatrix

```

典型的计算结果如图 7.8 所示。从图中可以看出，在我们的预测样本中，绝大多数的样本类型为 0，即下一秒相关变量不发生变化。这意味着，在最极端的情况下，即使我们得到一个模型对任何情况都做出 0 类预测，该模型的准确率也会有一个较高的分数 —— 因为 0 类本身的个数较多。这便是一种典型的样本类别不均衡问题。

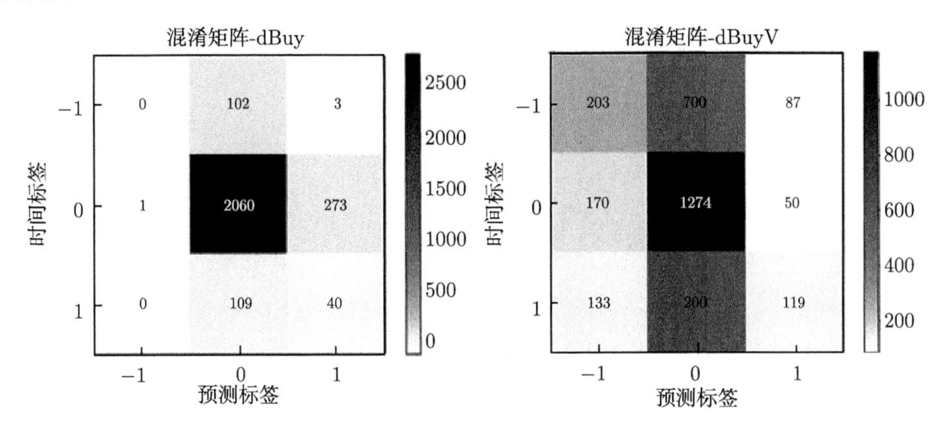

图 7.8 最优买价及其挂单量的混淆矩阵

对于样本类别不均衡的问题，有众多的解决方法。例如，对数据集进行随机过采样、随机欠采样、惩罚权重、SMOTE 方法等。但在尝试使用这些方法解决问题时，我们首先应该回顾构建训练集的过程。在对变量变动值进行分类的过程中，我们仅观察了该变量 1s 后的表现。但正如图 7.4 所示，该变量可能并不恰恰在 1s 后发生变化，这意味着我们必须观察更长时间，来判断未来该变量发生的变化并对其分类。

7.3.4 模型改进

我们尝试对之前的数据集构造函数进行一定改进，使之能通过某一变量后 10s 的变化情况来对变量的变动进行分类。具体而言，我们观察 5s 内数据的第一次改变，并将其相对于最小变动单位变动的次数作为类别，超出 1 个最小变动单位的变动也记为 1 或 -1，若 5s 内均无变动则将其类别记为 0 ，相关代码如下：

```
import numpy as np
test2 = pd.DataFrame(columns = np.arange(0,2*nl+9))
i = 0
def judgeClass2(num,willnum,muti,k):
dnum = 0
for wnum in willnum:
change = round((wnum-num)/muti)
if change != 0:
dnum = k if abs(change)>k else change
break
return dnum

for index,tick in data.iterrows():
if i%1000 == 0:
print(i,'/%d'%data.shape[0])
willBuy = data.iloc[i+1:i+11,2]
willSell = data.iloc[i+1:i+11,3]
willmid = data.iloc[i+1:i+11,1]
willBuyV = data.iloc[i+1:i+11,4]
willSellV = data.iloc[i+1:i+11,14]
i = i+1
bestBuy = tick[2]
bestSell = tick[3]
bestBuyV = tick[4]
bestSellV = tick[14]
mid = (bestBuy+bestSell)/2

dmid = judgeClass2(mid,willmid,10,1)
dBuy = judgeClass2(bestBuy,willBuy,10,1)
dBuyV = judgeClass2(bestBuyV,willBuyV,1,1)
dSell = judgeClass2(bestSell,willSell,10,1)
dSellV = judgeClass2(bestSellV,willSellV,1,1)
Buyarray = tick[4:14]
Sellarray = tick[14:]
temp = pd.DataFrame(np.concatenate((Buyarray,Sellarray,np.
    array([mid,bestBuy,bestBuyV,bestSell,bestSellV,dmid,
    dBuy,dBuyV,dSell,dSellV])),axis=0))
```

```
36 test2 = test2.append(temp.T, ignore_index=True)
37 test2 = test2.dropna()
38 test2 = test2.astype('int')
39
```

对于新构造的训练集，为了探查是否仍存在严重的样本不均衡问题，我们执行之前提到的随机森林预测步骤，并根据混淆矩阵统计各个类别的数量。通过混淆矩阵的结果可以发现，改变训练集的构造方法后，价格类变量样本类别数量的均衡有了较好的提升，而订单量变动的类别则仍为不均衡状态。图 7.9 为最优买价及其挂单量的混淆矩阵，其余变量的混淆矩阵读者可以自行完成。

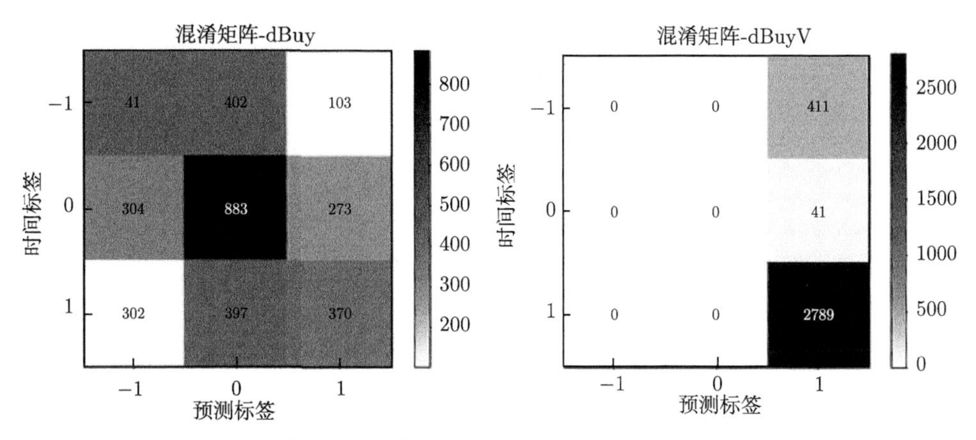

图 7.9　最优买价及其挂单量的混淆矩阵

预测准确率如表 7.2 所示，我们似乎可以发现两点问题：第一，从纸面上看似乎经过改进后价格类样本分类的准确率下降了；第二，订单量变动的预测准确率上升了。第二点问题很好理解，这是由于订单量类数据经过改进处理后，其样本不均衡问题加剧，此时精度不足以确切评价模型的优劣。如图 7.9 所示，经过训练得到一个全部预测结果均为 1 的模型，若 1 类型所占比例足够大，仍然可以得到较高的准确率，但这种模型是没有意义的。

表 7.2　改进后随机森林预测准确率

dmid	dBuy	dBuyV	dSell	dSellV
89.61%	89.64%	89.46%	89.80%	89.18%

关于第一点问题，需要联系问题的实际加以考虑。在预测最优买卖价格变动的过程中，我们实际上期望通过对未来价格走势的判断来指导进行套利活动或者最优化订单成交步骤。在这种情况下，我们不要求对 1 或 −1 的预测完全正确，事实上，将 1 或 −1，即将价格上涨或下跌预测为价格不发生变化，通常情况下不会导

致严重的后果；而将价格的涨跌完全判断反，即将 1 预测为 -1 或将 -1 预测为 1，这两种情况是十分危险的，因为这种错误的判断往往会导致错误的交易，从而造成损失。基于这种判断，读者可以试着画出三种价格类变量的混淆矩阵，可以发现，即使其预测的准确率不高，但将涨跌预测完全错误的情况相对于预测正确的情况是较少的 (前者约为后者的 1/4)。这也就说明，我们基于随机森林模型，将期货买卖 10 档订单结构作为输入，预测未来 10s 内的价格、最优买价 (买一价)、最优卖价 (卖一价) 是有效的。这也验证我们之前的猜想，即当前订单结构蕴含着未来价格变动的信息。

7.4　随机森林方法总结以及延伸应用

经过上述讨论，我们可以发现，应用随机森林模型，以当前时刻订单簿的结构为输入信息，可以有效预测后续一定时间内的买卖价格变动情况。这意味着高频交易中的订单簿确实蕴含着一定的指示未来价格变动的信息，且随机森林模型可以对这些信息进行有效的捕捉，从而对未来价格变动情况做出预测。倘若读者有兴趣，可以进行深入研究，并尝试以此为基础构建高频交易模型。

随机森林模型是我们广泛应用于商业领域的模型，而且在各个领域分析与预测的准确率都非常高。我们所知道的随机森林模型还可以应用于人力资源的范畴，比如预测酒店的高峰率并及时安排员工进行错峰上班；再比如预测某连锁餐饮店的客流量，并及时有效地安排员工的工作时间。

第 8 章　基于 Xgboost 的汽车行业供需预测

梯度提升决策树 (gradient boosting decision tree, GBDT) 和 Xgboost(extreme gradient boosting) 能有效地应用到分类、回归、排序问题中，梯度提升 (gradient boosting, GB)、GBDT 和 Xgboost 之间有非常紧密的联系，GBDT 是以决策树为基学习器的梯度提升算法，Xgboost 扩展和改进了 GBDT，其算法更快，准确率也相对高一些。每一个行业的供需不仅关系到行业的兴衰，也关系到行业中每个企业的生命周期。我们以汽车行业为例，用 Xgboost 方法做汽车行业的供需预测，希望能给汽车生产企业前瞻性指导[20,21]。

8.1　梯度提升与 Xgboost

8.1.1　GB

机器学习中学习算法的目标是为了优化或者最小化损失函数。GB 的思想是迭代出多个 (M 个) 弱的模型，然后将每个弱模型的预测结果相加，后面的模型 $F_{m+1}(x)$ 是基于前面学习模型 $F_m(x)$ 的效果生成的，关系如下：

$$F_{m+1}(x) = F_m(x) + h(x), \quad 1 \leqslant m \leqslant M$$

GB 算法的思想很简单，关键是怎么生成 $h(x)$。如果目标函数是回归问题的均方误差，很容易想到最理想的 $h(x)$ 应该是能够完全拟合 $y - F_m(x)$ ，这就是常说的基于残差的学习。残差学习在回归问题中可以很好地使用，但是为了一般性 (分类，排序问题)，实际中往往是基于损失函数在函数空间的负梯度学习，对于回归问题 $\frac{1}{2}(y-F(x))^2$的残差和负梯度也是相同的。$L(y,f)$ 中的 f，不要理解为传统意义上的函数，而是一个函数向量 $f(x_1),\cdots,f(x_n)$，向量中元素的个数与训练样本的个数相同，因此基于损失函数空间的负梯度的学习也称为“伪残差”。

- 初始化模型为常数值：$F_0(x) = \mathrm{argmin}_\gamma \sum_{i=1}^{n} L(y_i,\gamma)$
- 迭代生成 M 个基学习器
  - 计算伪残差

$$r_{im} = -\left[\frac{\partial L(y_i, F(x_i))}{\partial F(x_i)}\right]_{F(x)=F_{m-1}(x)}, \quad i = 1,\cdots,n$$

– 基于 $\{(x_i, r_{im})\}_i^n$ 生成基学习器
– 计算最优的 γ_m

$$\gamma_m = \text{argmin}_\gamma \sum_{i=1}^{n} L(y_i, F_{m-1}(x_i) + \gamma h_m(x_i))$$

– 更新模型

$$F_m(x) = F_{m-1}(x) + \gamma_m h_m(x)$$

8.1.2 GBDT

GB 算法中最典型的基学习器是决策树，尤其是 CART (classification and regression tree)，顾名思义，GBDT 是 GB 和 DT 的结合。要注意的是这里的决策树是回归树，GBDT 中的决策树是个弱模型，深度较小，一般不会超过 5，叶子节点的数量也不会超过 10，生成的每棵决策树都有比较小的缩减系数 (学习率 < 0.1)，有些 GBDT 的实现加入了随机抽样 (下采样 $0.5 \leqslant f \leqslant 0.8$) 以提高模型的泛化能力。通过交叉验证的方法选择最优的参数。因此 GBDT 实际的核心问题变成怎么基于 $\{(x_i, r_{im})\}_{i=1}^n$ 使用 CART 回归树生成 $h_m(x)$。

CART 分类树在很多书籍和资料中都有，需要强调的是 GBDT 中使用的是回归树。作为对比，先说分类树。我们知道 CART 是二叉树，CART 分类树在每次分枝时穷举每一个特征的每一个阈值，根据基尼系数找到使不纯性降低最大的特征及其阈值，然后按照特征小于等于阈值和特征大于阈值分成两个分枝，每个分枝包含符合分枝条件的样本。用同样方法继续分枝直到该分枝下的所有样本都属于同一类别，或达到预设的终止条件。若最终叶子节点中的类别不唯一，则按少数服从多数的原则决定最终的类别。回归树总体流程也类似，不过在每个节点 (不一定是叶子节点) 都会得一个预测值。以年龄为例，该预测值等于属于这个节点的所有人年龄的平均值。分枝时穷举每一个特征的每个阈值找最好的分割点，但衡量最好的标准不再是基尼系数，而是最小化均方差，即 (每个人的真实年龄 − 预测年龄) 的平方和除以 N，或者说是每个人的预测误差平方和除以 N。这很好理解，被预测出错的人数越多，错得越离谱，均方差就越大，通过最小化均方差能够找到最靠谱的分枝依据。分枝直到每个叶子节点上人的年龄都唯一 (这太难了) 或者达到预设的终止条件 (如叶子个数上限)，若最终叶子节点上人的年龄不唯一，则以该节点上所有人的平均年龄作为该叶子节点的预测年龄。

8.1.3 Xgboost

在 Kaggle 的很多比赛中，可以看到很多优胜者喜欢用 Xgboost 并且获得了非常好的表现。Xgboost 算法比较复杂，它针对传统 GBDT 算法做了很多细节改进，包括损失函数、正则化、切分点查找算法优化、稀疏感知算法、并行化算法设计等。

这些改进使得 Xgboost 在运算速度、过拟合控制等方面有很多优良的性能。

Xgboost 是 GB 算法的高效实现，Xgboost 中的基学习器除了可以是 CART (树模型提升, gbtree) 也可以是线性分类器 (线性模型提升, gblinear)。下面所有的内容来自 [20]，包括公式。

(1) Xgboost 在目标函数中加上了正则化项，基学习器为 CART 时，正则化项与树的叶子节点数量 T 和叶子节点值有关。

$$L(\phi)=\sum_i l(\hat{y}_i,y_i)+\sum_k \Omega(f_k)$$

其中

$$\Omega(f)=\gamma T+\frac{1}{2}\lambda\|\omega\|^2$$

(2) 在 GB 中使用损失函数对 $f(x)$ 的一阶导数计算出伪残差用于生成 $f_m(x)$，Xgboost 不仅使用了一阶导数，还使用了二阶导数。第 t 次的损失 (loss)：

$$L^{(t)}=\sum_{i=1}^{n} l(y_i,\hat{y}_i^{(t-1)}+f_t(x_t))+\Omega(f_t)$$

对上式做二阶泰勒展开：g 为一阶导数，h 为二阶导数：

$$L^{(t)}\simeq\sum_{i=1}^{n}\left[l(y_i,\hat{y}^{(t-1)})+g_i f_t(x_i)+\frac{1}{2}h_i f_t^2(x_i)\right]+\Omega(f_t)$$

其中

$$g_i=\frac{\partial l(y_i,\hat{y}^{(t-1)})}{\hat{y}^{(t-1)}},\quad h_i=\frac{\partial l(y_i,\hat{y}^{(t-1)})^2}{\hat{y}^{(t-1)}}$$

(3) 上面提到 CART 回归树中寻找最佳分割点的衡量标准是最小化均方差，Xgboost 寻找分割点的标准是最大化，λ，γ 与正则化项相关。

$$L_{\text{split}}=\frac{1}{2}\left[\frac{\left(\sum\limits_{i\in I_L} g_i\right)^2}{\sum\limits_{i\in I_L} h_i+\lambda}+\frac{\left(\sum\limits_{i\in I_R} g_i\right)^2}{\sum\limits_{i\in I_R} h_i+\lambda}+\frac{\left(\sum\limits_{i\in I} g_i\right)^2}{\sum\limits_{i\in I} h_i+\lambda}\right]$$

8.1.4 分布式 Xgboost 的设计理念

除去理论上和传统 GBDT 的差别外，从使用者的角度，Xgboost 的设计理念在使用时主要有如下几点感受：

(1) 速度快。让一个程序在必要的时候占用一台机器，并且在所有迭代的时候一直跑到底，来防止重新分配资源的开销。机器内部采用单机多线程方式并行加速运行，机器之间的通信采用基于 Rabit 实现的 Allreduce 的同步接口。

(2) 可移植，少写代码。大部分的分布式机器学习算法的结构都是分布数据，在每个子集上面算出一些局部的统计量，然后整合出全局的统计量，并且再分配给各个计算节点去进行下一轮迭代。根据算法本身的需求，抽象出合理的接口如 Allreduce, 并且通过通用的库如 Rabit，让平台按照各种接口的不同需求分配工作，最终使得各种比较有效的分布式机器学习算法分散在各平台下执行。

(3) 可容错。Rabit 版本的 Allreduce 有一个很好的性质，即支持容错, 而传统的 mpi 是不支持的。具体实现方式：Allreduce 每一个节点最后得到的是一样的结果，这意味着可以让一些节点记住结果。当有节点出现错误重启时，可以直接向正常运行的节点索要结果。

8.2　汽车行业案例

8.2.1　汽车案例的行业分析

行业供需景气度是分析汽车行业景气度的核心，作为终端消费品，汽车行业的供需情况是较为清晰明确的。新兴的新能源汽车由政策驱动转向市场驱动，产品综合能力成为核心。车企全面布局新能源汽车的浪潮已掀起，智能网联汽车的出现将带来汽车行业革命性的变化，对于汽车行业的供给和需求，也需要我们用更精确的方式进行分析和预测。我们通过对汽车行业供给需求的来源分析，得到汽车行业供需景气度的合成框架。

在行业供给端，采用直接可观测的表观供给量来度量供给情况。表观供给量表示实际的汽车供给量。汽车供给来源可分为两个方面：汽车产量 (中汽协：汽车整车：汽车：当月值，简称汽车产量) 与国外汽车进口量 (中汽协：进口数量：汽车整车：当月值，简称汽车进口量)，对 t 期而言，我们取 t 期的汽车产量与汽车进口量的和表示表观供给量。

在行业需求端，我们将需求区分为直接可观测的表观需求量和间接可测的潜在需求增速。对于 t 期而言，我们选择汽车销量 (中汽协：汽车销量：汽车：当月值，简称汽车销量) 来刻画表观需求量。潜在需求增速表示不同汽车子行业对整体行业需求的影响。我们考虑了乘用车、商用车–货车、商用车–公路客车、商用车–城市客车四个子行业的增速，结合它们的销量占比刻画了潜在需求增速。

行业供需景气度表示的是汽车行业供给与需求间的平衡关系，我们使用行业需求预计和表观供给的比值来表示。其中行业需求预计表示在潜在需求增速下的表观需求量的预计值。

乘用车是需求最大的汽车子行业，销量占比达 83.71%。近十年来，伴随着居民收入提高与消费升级，乘用车消费逐步大众化、平民化。作为可选消费品，其潜在需求主要受到国民消费能力、消费信心、其他可选消费品需求等因素的影响。

我们主要选择了以下指标：社会消费零售总额实际当月同比 (同比表示同比增速，下同)、商品房销售面积累计同比、消费者信心指数同比变动。为了找到能够预示汽车行业未来潜在需求的指标，我们统计了领先 k 期的指标序列与表观需求同比增速的相关系数，以此判断指标与汽车需求的领先滞后关系。

与表观需求同比增速相关性系数最大的是社会消费零售总额实际当月同比，基建固定资产投资额累计同比与表观需求同比增速相关性也较大，选择公路建设固定资产投资完成额累计同比作为描述汽车行业潜在需求的指标之一，选择城市 CPI 当月同比作为指标来构造汽车行业供需景气度。

从上述分析和考虑数据的可得性角度出发，我们选择了一些指标，采用 Python 的 Xgboost 包进行汽车行业供需的分析。

8.2.2 数据预处理

我们选择汽车行业的以下指标作为特征变量：社会消费品零售总额实际当月同比、商品房销售面积累计同比、消费者信心指数 (月)、固定资产投资完成额基础设施建设投资 (不含电力) 累计同比、社会融资规模 (当月值)、公路货运量累计同比、交通固定资产投资公路建设全国累计值、客运量总计当月同比、铁路客运量当月同比、CPI、城镇新增就业人数累计同比；以销量汽车当月值作为标签。以上变量都可以在 Wind 中找到并下载。

```
1  #载入所需要的包
2  import pandas as pd
3  import pymssql
4  from sklearn import preprocessing
5  #读取数据
6  feature_df = pd.read_excel('feature_df.xlsx')
7  #缺失值填充：采用前值填充的方式
8  feature_df = feature_df.fillna(method = 'ffill')
9  #去掉缺失值(上一步前值没有或者也是缺失值)
10 feature_df.dropna(how = 'any',axis = 0,inplace = True)
11 #做数据的归一化处理：
12 max_min_scaler = preprocessing.MinMaxScaler()
13 feature_norm=pd.DataFrame(max_min_scaler.fit_transform(
       feature_df),index= feature_df.index,columns = feature_
       df.columns)
14 #分别取出数据的特征和标签
15 x = feature_norm.iloc[:-1,:-1]
16 y = feature_norm.iloc[1:,-1]
17 x.columns = ['社会消费品零售总额实际当月同比', '商品房销售面积累计
       同比',
18 '消费者信心指数月', '固定资产投资完成额基础设施建设投资不含电力累计
       同比',
```

```
19 '社会融资规模当月值', '公路货运量累计同比', '交通固定资产投资公路建
       设全国累计值',
20 '客运量总计当月同比', '铁路客运量当月同比', 'CPI','城镇新增就业人
       数累计同比']
21 #对特征变量再增加季节变量
22 ##根据汽车销量在年末和年初销量与一年中其他时段显著不同，构造哑变量
23 x['date_month'] = pd.Series(x.index).apply(lambda x : str(x).
       split(' ')[0].split('-')[1]).values
24 season = []
25 for i in range(len(x)):
26 if x['date_month'][i] in ['11','12','01','03']:
27 season.append(0)
28 else:
29 season.append(1)
30 
31 season_dummy = pd.get_dummies(season,prefix = 'season')
32 season_dummy.index = x.index
33 x = pd.concat([x,season_dummy],axis = 1)
34 del x['date_month']
35 #由于汽车销量还受到经济大环境的影响，因此加入时间效应
36 x['date_year'] =  pd.Series(x.index).apply(lambda x : str(x).
       split(' ')[0].split('-')[0][3]).values.astype('int')
37 x['date_year'] = x['date_year'] -(x['date_year'][0] - 1)
38 #现在对目标变量——销量汽车当月值制作标签
39 ##标签1: 处于历史水平
40 up = 0.55
41 down = 0.45
42 
43 label = pd.DataFrame(index = y.index,columns = [
       'label_quantile','label_qoq','rawValue'])
44 y_quantile = y.quantile([down,up])
45 for i in range(len(y)):
46 if y.iloc[i] > y_quantile[up]:
47 label.iloc[i,0] = 1
48 elif y.iloc[i] < y_quantile[down]:
49 label.iloc[i,0] = -1
50 else:
51 label.iloc[i,0] = 0
52 ##标签2: 环比
53 y = feature_norm.iloc[:,-1]
54 y = (y - y.shift(1))/y.shift(1)
55 y.dropna(inplace = True)
56 #目标变量的标签制作
57 up = 0.1
58 down = -0.1
59 
```

```
60 for i in range(len(y)):
61 if y.iloc[i] > up:
62 label.iloc[i,1] = 1
63 elif y.iloc[i] < down:
64 label.iloc[i,1] = -1
65 else:
66 label.iloc[i,1] = 0
67 label.iloc[:,2] = feature_norm.iloc[1:,-1]
68 x['date'] = x.index.values
69 label['date'] = label.index.values
```

8.2.3 Xgboost 模型训练

```
1  #载入所需要的包
2  import pandas as pd
3  import numpy as np
4  from sklearn import preprocessing
5  from sklearn import metrics
6  from sklearn.ensemble import RandomForestClassifier
7  from sklearn.model_selection import GridSearchCV
8  from sklearn.model_selection import KFold
9  from sklearn.model_selection import train_test_split
10 #from sklearn.cross_validation import train_test_split
11 from xgboost import XGBClassifier
12 #模型训练
13 info = pd.DataFrame(index = label.index)
14 info['date'] = info.index
15 info['分位数真实分类'] = label.iloc[:,0]
16 
17 x_train,x_test,label_train,label_test = train_test_split(x,
       label.iloc[:,0],test_size = n_test_ratio,random_state
        = 0)
18 parameters = {'n_estimators' : range(5,30,5),'max_depth' : range
       (2,5,1),'random_state' : range(0,15,1),'learning_rate':list
       ((0.008,0.01,0.012,0.014))}
19 model = GridSearchCV(estimator = XGBClassifier(criterion =
       'entropy'),param_grid= parameters,scoring='accuracy')
20 model.fit(x_train,label_train)
21 print_best_score(model,parameters)
22 
23 y_hat = model.predict(x_test)
24 info['分位数XGBoost预测分类'] = y_hat
25 metrics_xgb_quantile = metrics.classification_report(label.
       iloc[:,0],y_hat)
26 precision_xgb_quantile = precision_total(metrics_xgb_
       quantile)
```

```
#环比
info['环比真实分类'] = label.iloc[:,1]

x_train,x_test,label_train,label_test = train_test_split(x,
    label.iloc[:,1],test_size = n_test_ratio,random_state
     = 0)
parameters = {'n_estimators' : range(5,30,5),'max_depth' : range
    (2,5,1),'random_state' : range(0,15,1),'learning_rate':list
    ((0.008,0.01,0.012,0.014))}
model = GridSearchCV(estimator = XGBClassifier(criterion =
    'entropy'),param_grid= parameters,scoring='accuracy')
model.fit(x_train,label_train)
print_best_score(model,parameters)

y_hat = model.predict(x_test)
info['环比XGBoost预测分类'] = y_hat
metrics_xgb_qoq = metrics.classification_report(label.iloc
    [:,1],y_hat)
precision_xgb_qoq = precision_total(metrics_xgb_qoq)

info_precision = pd.DataFrame(index = range(1),columns = ['
    分位数XGBoost','环比 XGBoost'])
info_precision.iloc[0,0] = precision_xgb_quantile
info_precision.iloc[0,1] = precision_xgb_qoq
```

8.2.4 结果展示

标签是所处历史分位数水平的预测结果，如表 8.1 所示。

表 8.1 分位数训练结果评价指标

	精确率	召回率	f1 得分	支撑集
−1	0.88	0.88	0.88	25
0	0.80	0.67	0.73	6
1	0.88	0.92	0.90	25
局部平均	0.88	0.88	0.88	56
全局平均	0.85	0.82	0.84	56
加权平均	0.87	0.88	0.87	56

标签是环比的预测结果，如表 8.2 所示。

表 8.2 环比训练结果评价指标

	精确率	召回率	f1 得分	支撑集
−1	0.78	0.90	0.84	20
0	0.82	0.75	0.78	12
1	0.95	0.88	0.91	24
局部平均	0.86	0.86	0.86	50
全局平均	0.85	0.84	0.84	56
加权平均	0.86	0.86	0.86	56

8.3 Xgboost 在汽车行业应用的案例评价以及延伸应用

我们先分析汽车行业销量的影响因素，以这些影响因素为特征，分别以汽车销量自身所处的历史水平 (分位数) 和环比为标签变量，采用网格搜索的方式，进行模型的训练和预测。从预测结果来看均取得了 80%以上的准确率，在实际应用中这是一个非常好的结果。

Xgboost 和随机森林都是以决策树为基础的集成模型，它既可以用在分类问题，也可以用在回归问题。广告排序是商业领域的一个普遍的问题，Xgboost 以它优越的性能解决了排序中的关键问题。智能电网、电力负荷数据呈现指数级的增长，Xgboost 在其中解决了特征分类的问题。我们前面所说的银行信用评估问题，也可以用 Xgboost 进行解决[2]。

第 9 章　支持向量机原理及在投资择时中的运用

支持向量机 (support vector machine, SVM) 是机器学习领域中的经典算法，在很多领域都得到了应用。而在金融投资中，我们也在尝试将各类机器算法应用到投资择时过程中。本章前半部分将介绍 SVM 的基本原理、推理过程和适用场景。之后，将介绍如何在 Python 中去调用相关模块来使用 SVM 这一算法，包括相关函数调用、各类参数设置等，并生成随机数据进行训练并预测。在本章的后半部分，我们将在投资择时领域中应用 SVM 模型并形成一个策略，同时使用 Python 将这个策略实现出来[23−25]。

9.1　通过时机选择研究金融市场的买卖

在二级市场金融投资中，如股票、期货的买卖，有各式各样的投资风格可以选择，如价值投资、行业风格轮动、短线超高频等。技术指标分析正是其中一个很重要的流派。在这个流派里面，各式各样的技术指标供投资者选择参考，而这些指标也适应不同投资风格或者市场状态，它们分别给出有效的投资建议供投资者决策。一个成熟的技术指标分析投资系统，可以让投资者无论在牛市还是熊市，都取得可观的超额收益。

但是对于这些技术指标而言，它们有繁多的参数需要调整以适应当前的市场行情，如均线系统，在震荡市场中就需要将时间长度调短，在趋势市场中就需要将时间长度调长。而想要将这些技术指标结合使用就更困难了，这要求我们对这些技术指标都有很深刻的认识，并且对市场状态有准确的判断。

在现在的量化投资领域中，各类机器学习算法正逐渐得到越来越多的应用。如果想要使用一个算法将各类技术指标结合起来，来判断市场行情走势并做出决策，就需要一个可以同时处理高维度、训练集有限同时多噪声数据的机器学习模型，而 SVM 正是这样一个模型。

9.2　SVM　介　绍

9.2.1　SVM 是什么

SVM 最初是由苏联数学家 Vladimir Vapnik 和 Alexey Chervonenkis 在 1963 年提出的，它在解决小样本、非线性及高维模式识别中表现出许多特有的优势，并能够推广应用到函数拟合等其他机器学习问题中。SVM 方法是建立在统计学习理论的 VC 维 (Vapnik-Chervonenkis dimension) 理论和结构风险最小原理基础上的，根据有限的样本信息，在模型的复杂性 (即对特定训练样本的学习精度，accuracy) 和学习能力 (即无错误地识别任意样本的能力) 之间寻求最佳折中，以期获得最好的推广能力 (或称泛化能力) 的机器学习方法。

看起来很复杂是不是？下面我们逐条解释。

首先，VC 维是什么？VC 维是对函数类的一种度量，可以简单地理解为问题的复杂程度，VC 维越高，问题就越复杂。正是因为 SVM 关注的是 VC 维，后面我们可以看到，SVM 解决问题时，和样本的维数是无关的，甚至样本是上万维的都可以，这使得 SVM 很适合用来解决如文本分类财报分析这类问题。

那么什么是结构风险最小呢？结构风险 = 经验风险 + 置信风险，其中经验风险是分类器在给定样本上的误差，而置信风险是分类器在未知样本上分类结果的误差，影响它的因素有：样本数量，给定的样本数量越大，学习结果越有可能正确，此时置信风险越小；分类函数的 VC 维，显然 VC 维越大，推广能力越差，置信风险会变大。为了降低置信风险，我们需要提高样本数量，同时降低 VC 维。而大多数传统的机器学习模型的目标是降低经验风险。要降低经验风险，就要提高分类函数的复杂度，导致 VC 维很高。VC 维高，置信风险就高，所以结构风险也高。这样就形成了一个循环，鱼与熊掌不可兼得，只能选择两者中更重要的那个。我们把泛化误差这一概念公式化，可以写成

$$R(w) \leqslant R_{\text{emp}}(w) + \Phi(n/h)$$

式中，$R(w)$ 是真实风险，$R_{\text{emp}}(w)$ 是经验风险，$\Phi(n/h)$ 是置信风险。那么我们的目标就从单一的经验风险最小化，变为寻求两个经验之和最小，即结构风险最小。而 SVM 正是努力实现这一目标的算法。这是 SVM 比其他机器学习具有优势的地方。

在上述基础上，SVM 模型还有其他特性：

(1) SVM 算法要求的样本数是相对比较少的，这使其在小样本的情况下依旧能有很好的表现, 因为其主要使用样本中起作用的那些向量。

(2) SVM 算法不但能处理线性可分数据，同样擅长应付样本数据线性不可分的情况。具体主要通过核函数技术来实现，这一部分是 SVM 的精髓，在后续介绍中会详细讨论。

(3) SVM 可以应对维度极高的数据，如文本的向量表示，如果不经过降维处理，出现几万维的情况都是很正常的，这时其他算法基本就很难处理了。但 SVM 却可以，主要是因为在选择好合适的核函数和设定松弛变量范围后，SVM 产生的

分类器很简洁，同时用到的样本信息也很少 (仅用到那些称之为“支持向量”的样本)，使得即使样本维数很高，也不会给存储和计算带来大麻烦。

9.2.2　线性分类器

线性分类器的定义是给定线性可分训练数据集，通过间隔最大化或等价地求解相应的凸二次规划问题得到分离超平面：$\boldsymbol{w}^* \cdot \boldsymbol{x} + b^* = 0$ 和相应的分类决策函数 $f(x) = \operatorname{sgn}(\boldsymbol{w}^* \cdot \boldsymbol{x} + b^*)$。例如，图 9.1 就是一张简单线性二分类的图，其中 + 表示一类，– 表示另一类，此时使用中间的粗线作为线性分类器，就能很好地将两个类别区分开来，看起来很简单是不是？这个过程是可以用公式严格推导出来的，记空间中的超平面为 $(\boldsymbol{w}, b)$，根据点到平面公式有空间中任意一点到该平面的距离为

$$r = \frac{\boldsymbol{w}\boldsymbol{x} + b}{\|\boldsymbol{w}\|}$$

假设该超平面能够将训练样本正确分类，即将两类样本严格分开，那么对于正样本一侧任意一个样本 $(\boldsymbol{x}_i, y_i) \in D$，需要满足该样本点向超平面的法向量 $\boldsymbol{w}$ 的投影到原点的距离大于一定值 c 时使得该样本点被预测为正样本一类，即存在数值 c 使得 $\boldsymbol{w}^{\mathrm{T}}\boldsymbol{x}_i > c y_i = +1$。在训练时我们要求限制条件更严格一些以使最终得到的分类器鲁棒性更强，所以要求 $\boldsymbol{w}^{\mathrm{T}}\boldsymbol{x}_i + b \geqslant 1$。同样对于负样本，我们有 $\boldsymbol{w}^{\mathrm{T}}\boldsymbol{x}_i + b \leqslant -1$，即

$$\begin{cases} \boldsymbol{w}^{\mathrm{T}}\boldsymbol{x}_i + b \geqslant +1, & y_i = +1 \\ \boldsymbol{w}^{\mathrm{T}}\boldsymbol{x}_i + b \leqslant -1, & y_i = -1 \end{cases}$$

如图 9.1 所示，距离最佳超平面 $\boldsymbol{w}^{\mathrm{T}}\boldsymbol{x}_i + b = 0$ 最近的几个训练样本点使上式中的等号成立，它们被称为“支持向量”(support vector)，即被圆圈圈出来的那三个点。记超平面 $\boldsymbol{w}^{\mathrm{T}}\boldsymbol{x}_i + b = 1$ 和 $\boldsymbol{w}^{\mathrm{T}}\boldsymbol{x}_i + b = -1$ 之间的距离为 γ，该距离又被称为“间隔”，SVM 的核心之一就是想办法将“间隔” γ 最大化。那么要找到该支持向量使得间隔最大化，就需要确定 $\boldsymbol{w}$ 和 b 两个参数的值，即

$$\begin{cases} \min_{\boldsymbol{w},b} \dfrac{1}{2}\|\boldsymbol{w}\|^2 \\ \text{s.t.} \quad y_i\left(\boldsymbol{w}^{\mathrm{T}}\boldsymbol{x}_i + b\right) \geqslant +1, \quad i = 1, 2, \cdots, n \end{cases}$$

具体解决方式会涉及凸二次优化 (QP) 问题等，这里就不展开来说了，那有人可能会问，这样一个线性分类问题很多机器学习方法都能做，甚至能做得比 SVM 更好，那我们为什么还要学 SVM 呢。接下来将介绍 SVM 这一机器学习方法中最重要也是最迷人的部分——核函数。

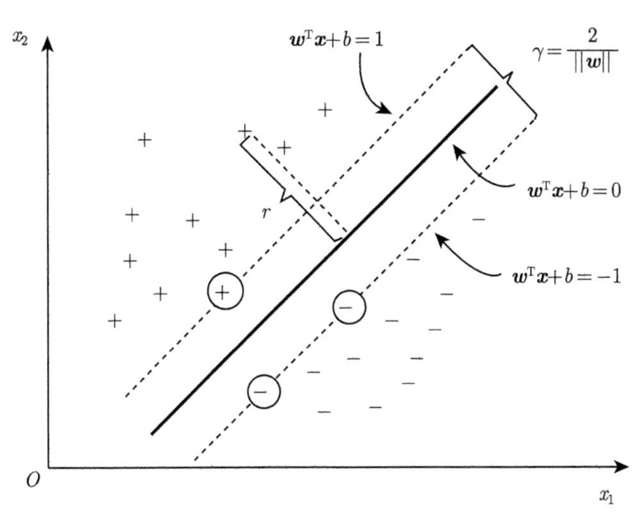

图 9.1 SVM 线性分类原理

9.2.3 核函数

在上一个例子中，假设样本是两组线性可分的数据，可以很简单地用一条直线将两组数据切分开来，而我们需要做的也仅是找出这样一根直线。但实际应用过程中，很多时候样本都是线性不可分的，如图 9.2 这两类样本，很明显我们无法用一根直线将它们完全分开。

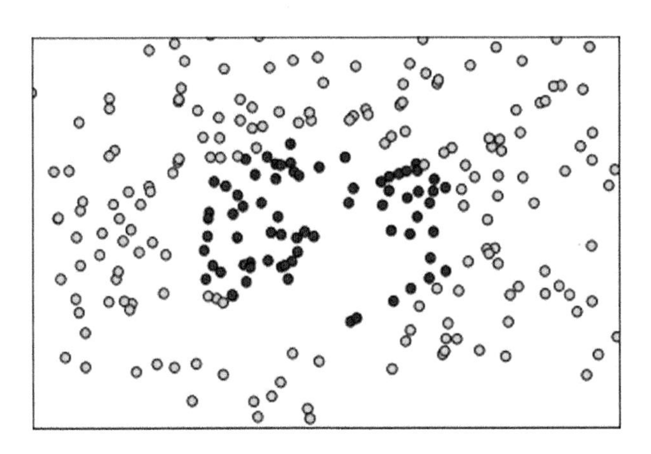

图 9.2 SVM: 非线性样本

这个时候，我们肉眼很容易观察出来，只要画一个圈就能将两类样本分开，可是，如何让这个样本知道呢？此时就需要引入核函数，也称核技巧 (kernel trick)，来解决线性不可分的情形，将其转化为线性可分。在这一样例中，引入一个新的维

度 z，令 $z=x^2+y^2$，就可以将图像画成三维的，如图 9.3 所示，此时可以使用一个平面，这个平面就是最佳分类器，再将这一分类器重新投影回二维平面时，将看到的是图 9.4 中的那个分类圆圈，也就是一开始就看出来的最佳分类器。

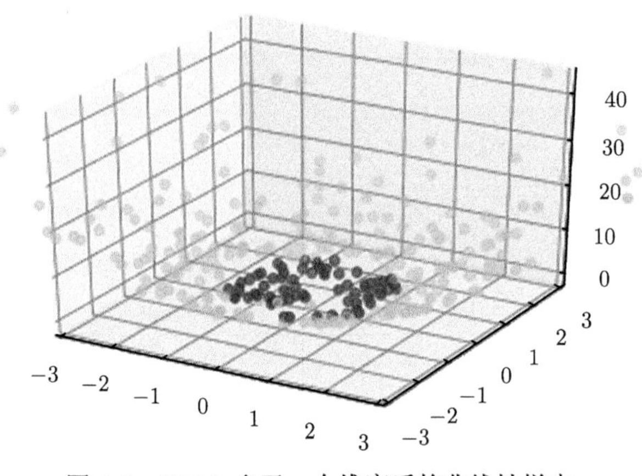

图 9.3　SVM: 多了一个维度后的非线性样本

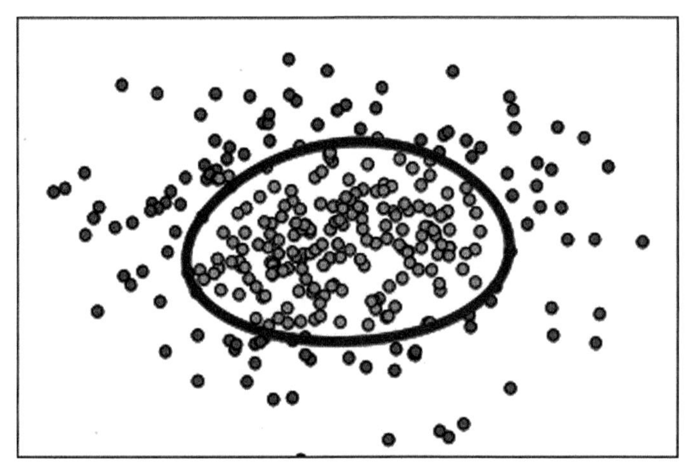

图 9.4　SVM: 投影回二维平面的分类器

在上面这个例子中，核函数看起来似乎很简单的样子，似乎一眼就能找到并分辨出来。但在实际应用过程中，样本的维度通常是很高的，同时也很难直接发现不同类型数据之间的区别，这个时候就需要 SVM 和一个能适应大多数情况下的核函数来测试我们的模型。下面将介绍如何在 Python 中调用已有的机器学习包来完成这些步骤。

9.3 在 Python 中使用 SVM

在 Python 编程语言中，有各式各样功能强大的扩展包可以使用，其中在 sklearn 这个包中就可以调用 SVM 算法进行学习和预测。下面将介绍 Python 中如何调用 SVM 模型训练预测数据：

```
import pandas as pd
from sklearn import svm
df = pd.read_csv('svmdata1.csv')
X = df.iloc[0:5,:]
y = df.iloc[5,:]
clf = svm.SVC(gamma='scale')
clf.fit(X, y)
clf.predict(X)

```

在上面这段代码中，我们先通过 from sklearn import svm 语句载入 SVM 模块，然后通过设置 clf 为 svm.SVC，即 SVM 分类器，再使用样本集 X, y 去训练 clf 这一模型，训练完后，就可以用该模型进行预测了。接下来看一个案例，如何去生成一个非线性数据集，同时用模型去训练预测它们，并可视化出来。

```
import numpy as np
import matplotlib.pyplot as plt
from sklearn import svm
#生成一系列网格点，用于后续着色
xx, yy = np.meshgrid(np.linspace(-3, 3, 500),
np.linspace(-3, 3, 500))
np.random.seed(0)
#生成300个二维的随机数
X = np.random.randn(300, 2)
#对这些随机数按照一定的规则进行分类
Y = np.logical_xor(X[:, 0] > 0, X[:, 1] > 0)

#训练模型
clf = svm.NuSVC()
clf.fit(X, Y)

#用之前的网格点算出每个点的判断结果
Z = clf.decision_function(np.c_[xx.ravel(), yy.ravel()])
Z = Z.reshape(xx.shape)

#开始画图，画出网格点对应的底色，即分类情况
plt.imshow(Z, interpolation='nearest',
extent=(xx.min(), xx.max(), yy.min(), yy.max()),
aspect='auto', origin='lower', cmap=plt.cm.PuOr_r)
```

```
25 #画出决策边界
26 contours = plt.contour(xx, yy, Z, levels=[0], linewidths=2,
27 linetypes='--')
28 #画出原始点的具体类别
29 plt.scatter(X[:, 0], X[:, 1], s=30, c=Y, cmap=plt.cm.Paired,
30 edgecolors='k')
31 plt.xticks(())
32 plt.yticks(())
33 #设置图像坐标轴边界
34 plt.axis([-3, 3, -3, 3])
35 plt.show()
36
```

图 9.5 为非线性分类器分类结果。

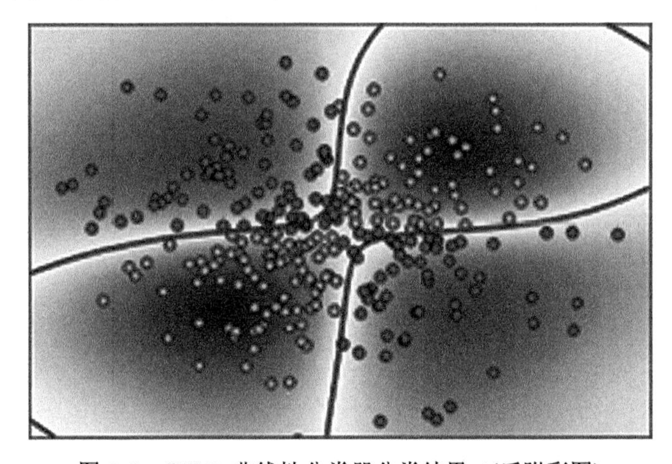

图 9.5　SVM: 非线性分类器分类结果 1(后附彩图)

在这个例子中, SVM 的非线性分类器很好地将两类数据切分开来，达到了我们想要的效果。我们还可以改变样本分类的方式，例如，用一个圆环将样本分成两类，具体为将上面第 9 行的代码改写成:

```
1 Y = np.logical_xor(X[:, 0]**2+X[:, 1]**2>4,
2 X[:, 0]**2+X[:, 1]**2<1)
3
```

这样，我们就有了如图 9.6 所示的训练预测结果，可以看到这个模型同样能很好地将两类样本区分开来，并且非常准确。

将在下面的代码中展示如何设置一些常用参数。

设置 kernel 类型:

* linear: $\langle x, x' \rangle$。

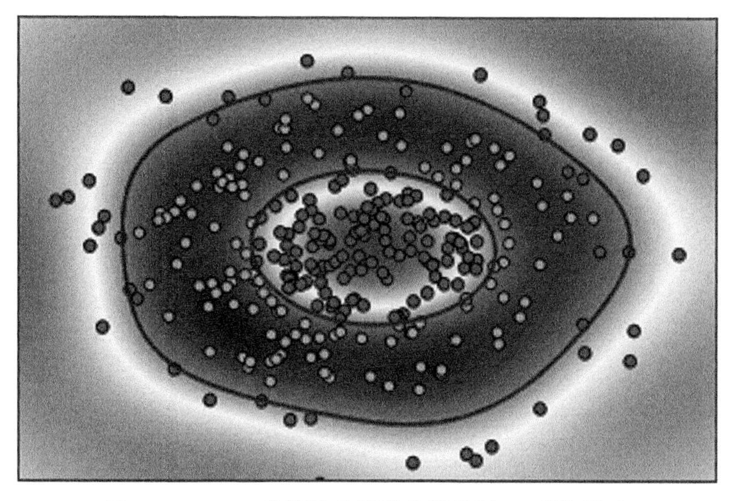

图 9.6 SVM: 非线性分类器分类结果 2(后附彩图)

* polynomial: $\left(\gamma\left\langle x,x'\right\rangle+r^2\right)^d$，其中使用 degree 来设置 γ，用 coef0 设置 d。

* rbf: $\exp\left(-\gamma\left\|x-x'\right\|^2\right)$，其中使用 degree 来设置 γ。

* sigmoid: $(\tanh\left(\gamma\left\langle x,x'\right\rangle+r\right))$。

* my_kernel: 可以自定义 kernel 类型。

```
linear_svc = svm.SVC(kernel='linear')
linear_svc.kernel
# 'linear'
rbf_svc = svm.SVC(kernel='rbf',degree=5)
rbf_svc.kernel
# 'rbf'
def my_kernel(X,Y):
return np.dot(X, Y.T)
clf = svm.SVC(kernel=my_kernel)

```

具体更多参数设置可参见:

https://scikit-learn.org/stable/modules/svm.html#svm。

9.4 量化投资中的应用——使用 SVM 进行期货择时

9.4.1 技术指标择时背景

在期货交易中，很多人会使用各式各样的技术指标对市场进行判断。例如，用不同长度均线交叉得到的趋势类指标，或者用近期涨跌幅算出的 RSI 短线类指标等。那么，如果将这些适应不同市场的技术指标都选出来，并将它们都放进训练集中进行训练，是不是就可以生成一个根据各类指标综合判断市场行情变化的模型呢？

根据这一目标，首先，需要挑选出一些常用的技术指标，这里选择了如下 9 种(表 9.1)。

表 9.1 SVM: 常用择时技术指标

指标名称	指标反映信息
MACD	指数平滑异同平均，反映价格动量的强弱
MTM	动力指标，反映价格变动的能量和速度
PRICEOSC	价格震荡指标，反映收盘价变动周期性
DMI	趋向指标，反映价格趋势
VR	成交量比率，反映市场买卖情绪
RSI	相对强弱指标，反映市场买卖强度变化
KDJ	随机指标，通过 k 线价格反映价格趋势强弱
WR	威廉指标，反映收盘价的趋势分布
VOSC	成交量震荡指标，反映成交量长短期运动趋势

然后，将它们结合在一起，建立模型，判断市场情绪变化，我们考虑一个简单的择时策略，即直接将它们归一化进行训练并预测，该策略逻辑流程如下节所示。

9.4.2 SVM 股指期货择时策略

具体 SVM 股指期货择时模型流程为：

(1) 选取过去 40 天的训练集数据，即所有技术指标的数值，将其进行归一化，得到新的训练集，同时将每日的涨跌幅转化成具体的涨或者跌，使其成为二分类问题。

(2) 选择默认参数代入 SVM 模型，使用 40 天作为时间窗口长度，使训练集固定在该时间窗口上，使用滑动窗口训练预测。

(3) 将滑动窗口以及参数代入 SVM 模型后得到训练模型结果，将当日的数据同样进行归一化后使用训练好的模型进行预测，预测明日的上涨或下跌。上涨时做多买入，下跌时做空卖出，根据预测结果计算最终收益。

同时，我们也把这几个指标单独测试一遍，看它们在同一时段的表现是怎样的，并和 SVM 模型训练回测的结果进行比较，看是否有改善，将不同技术指标的优点结合起来。

图 9.7 为在上述参数下的 SVM 择时模型回测结果。

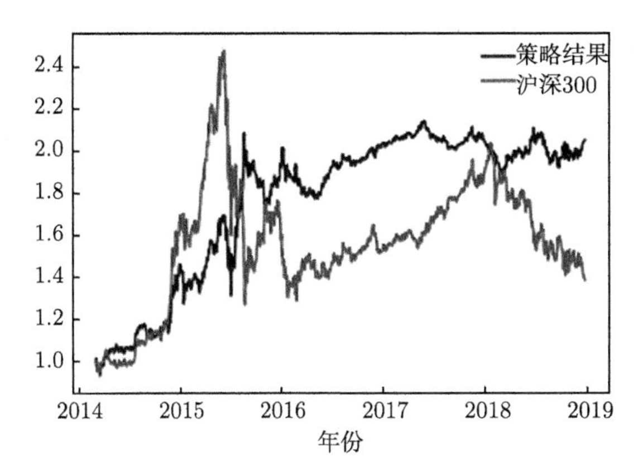

图 9.7 SVM: 股指期货择时结果

图 9.8 为单一技术指标择时模型的测试结果。

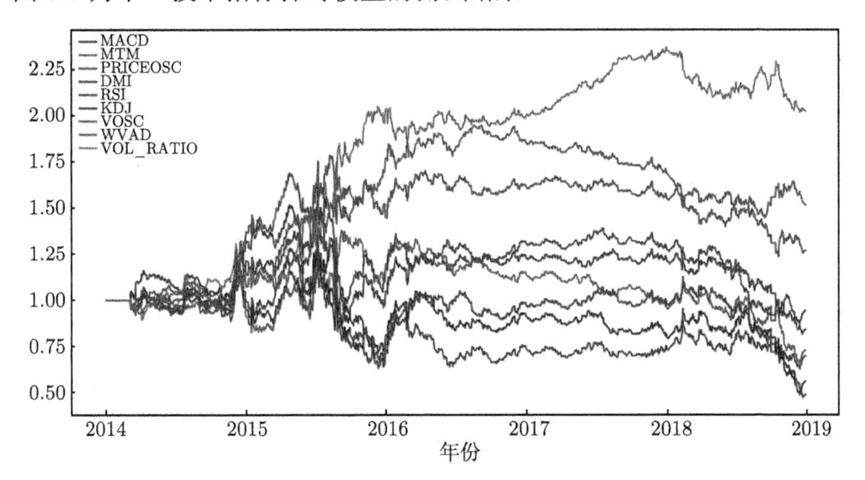

图 9.8 SVM: 对照组–单一技术指标择时结果 (后附彩图)

9.4.3 SVM 择时策略结果分析

从图 9.7 可以看到在任意挑选一个简单参数的情况下，策略收益就已经跑赢大盘了，同时最大回撤等也远优于大盘，整体收益回撤都较为平稳。

从作为对比的图 9.8 中可以看到，当单独使用每个技术指标进行择时时，除了 VOL_RATIO(成交量比率，反映市场买卖情绪) 的表现较为稳定并且最终收益和 SVM 择时模型接近持平以外，其余的结果都远差于 SVM 择时模型，表现都不稳定，并且超过半数都跑输大盘。而 VOL_RATIO 的测试结果，其夏普率和最大回撤也是差于 SVM 择时模型的。

这一结果表明 SVM 模型确实将每个技术指标的特点都结合了起来，并进行了优化，得到了更优的结果，比单独使用任何一个技术指标的结果都要好。再把结果细分到具体不同市场状态中来分析：

(1) 2014 年到 2015 年是一个明显的牛市行情，很多技术指标特征都很明显，例如，成交量放大的同时价格突破均线等，所以趋势类型的技术指标单独表现都很好，如 MACD 和 PRICEOSC 等，而 SVM 择时模型考虑了所有的指标，所以相对来说谨慎一些，并没有跑赢指数。

(2) 在 2015 年下半年到 2016 年年初这段时间，是牛市转大熊市这样一个过程，其间有明显放量下跌，同时具有单日波幅巨大等特征，此时这些技术指标就很难去判断价格趋势的转折点，中间反复涨跌会给技术指标判断带来巨大影响，因此半数以上的指标都开始有巨大的回撤，而 SVM 择时模型却在小幅亏损后准确判断出了趋势转折。

(3) 在 2016 年年后到 2018 年，一直处于波动降低、成交量减少、价格慢涨的状态，这也给技术指标判断带来了巨大挑战。除了 VOL_RATIO 外，其他指标结果均处于震荡状态，而 SVM 择时模型却是跟随市场慢涨，判断准确。

(4) 在 2018 年后，市场处于阶段式下跌这样一个状态，所有技术指标的结果均不理想，此时 SVM 择时模型也有些失效，说明这个择时策略还有提升空间，还有很多可以考虑进去的条件。

上述结果实现代码：

```
1  import pandas as pd
2  import numpy as np
3  import matplotlib.pyplot as plt
4  from sklearn import svm
5  #从文件中读取数据
6  data = pd.read_excel('svmdata1.xlsx')
7  #从所有数据中取出对应X项，和计算出涨跌幅Y项
8  X = data.loc[:,[ 'MACD','MTM', 'PRICEOSC', 'DMI',
9  'RSI', 'KDJ', 'VOSC', 'WVAD', 'VOL_RATIO']]
10 Y_zd = ((data['CLOSE'].shift(-1) - data['CLOSE'])
11 /data['CLOSE']).fillna(0)
12 #将涨跌幅转化成布尔值，使其成为二分类问题
13 Y = Y_zd>0
14 #设置SVC模型
15 clf = svm.NuSVC(gamma='auto')
16 #记录预测准确率，收益等信息
17 y_pr = pd.DataFrame(index=range(Y.size),columns=
18 ['date','predict','real','profit'])
19 y_pr['real'] = Y
20 y_pr['date'] = data.DateTime
21 y_pr['close'] = data.CLOSE
22 #设置训练集长度，这个可以循环寻优
23 i_train = 40
```

```
24
25  for i in range(i_train,Y.size-1):
26
27  #将数据标准化处理，这个很重要!
28  x_t = X.loc[i-i_train:i-1,:]
29  x_t = (x_t-x_t.mean())/x_t.std()
30  y_t = Y.loc[i-i_train:i-1]
31  x_p = X.loc[i,:]
32  x_p = (x_p-x_t.mean())/x_t.std()
33
34
35  clf.fit(x_t, y_t)
36  y_p = clf.predict([list(x_p)])
37  y_pr.loc[i,'predict'] = y_p[0]
38  #如果预测上涨则买入，下跌则卖出
39  #为了简化回测流程，我们直接记录交易收益
40  if y_p[0] == True:
41  y_pr.loc[i,'profit'] = Y_zd[i]
42  else:
43  y_pr.loc[i,'profit'] = -Y_zd[i]
44
45  y_pr = y_pr.dropna().reset_index()
46  #将收益进行累积求和
47  y_pr['profitsum'] = y_pr.profit.cumsum()+1
48  y_pr['base_return'] = y_pr['close']/y_pr.loc[0,'close']
49  plt.plot(y_pr['date'],y_pr['profitsum'],label='strategy')
50  plt.plot(y_pr['date'],y_pr['base_return'],label='hs300')
51  plt.legend()
52
53  #%%
54  #纯技术指标进行判断
55  tn_l = ['MACD','MTM', 'PRICEOSC', 'DMI',
56  'RSI', 'KDJ', 'VOSC', 'WVAD', 'VOL_RATIO']
57  plt.figure(figsize=(16,8))
58  for k in range(9):
59  tn = tn_l[k]
60
61  y_return = pd.DataFrame(index=range(Y.size),columns=
62  ['date'])
63  y_return['date'] = data.DateTime
64  y_return[tn+'profit'] = 0
65
66  i_train = 40
67  for i in range(i_train,Y.size):
68
69  if X.loc[i-1,tn]>X.loc[i-i_train:i-1,tn].mean():
70  y_return.loc[i,tn+'profit'] = Y_zd[i]
71  elif X.loc[i-1,tn]<X.loc[i-i_train:i-1,tn].mean():
72  y_return.loc[i,tn+'profit'] = -Y_zd[i]
```

```
73  y_return = y_return.dropna().reset_index()
74  y_return[tn+'profitsum'] = y_return[tn+'profit'].cumsum()+1
75  plt.plot(y_return['date'],y_return[tn+'profitsum'],label=tn)
76
77
78  plt.legend()
79
80
```

9.4.4 SVM 择时策略优化改进

那如何继续优化这个策略，我们可以从以下几个方面入手：

(1) 可以对现有的滑动窗口长度进行循环寻优，挑选出当前市场状态下表现最好的参数，并且固定时间执行一次寻优过程，如一个季度，这样保证参数是在当前状态下大概率有效的。

(2) 选用更多一些的技术指标，目前技术指标总数量少于 10 个，我们可以加入更多的技术指标进去。因为 SVM 模型对数据维度并不是很敏感，所以这一行为并不会降低运算速度等，反而可能会提供更多的信息，从而增加预测准确率。

(3) 基于现有的所有指标，进行一次主成分分析 (PCA) 降维处理，这样可以避免一些同性质及其类似的指标相互影响干扰。当然这个和第二条并不矛盾，例如，可以先挑选出 100 个指标，再降维到 20 个指标。

(4) 对起主要作用的技术指标进行参数优化，例如，均线这样的趋势指标，不同的均线长度在判断的时候区别是很大的，这时可以考虑使用遗传算法等进行大规模的参数寻优，找到每个技术指标最合适的参数范围，保证技术指标本身的有效性。

9.5 SVM 择时总结以及延伸应用

SVM 是一个很经典并且有效的机器学习模型，而技术指标在一定程度上也是可以在投资择时过程中提供很多有用信息的。在将两者结合后，经过简单的测试，就已经发现它们之间是一个 $1+1>2$ 的关系，传统的技术指标是可以和现在流行的各类机器学习算法高效结合在一起使用的。

但想要将这样一个简单测试的策略推进到能在实际投资过程中使用，还有很多的工作要做，有很多细节要去打磨，如技术指标的选择、参数选取，机器学习算法的参数选取，循环时间长度等。而这就需要大量的理论基础加上不断的尝试。

SVM 用于选择时机是我们在金融领域的一个创新研究，SVM 常被应用在模式识别下的文本识别、人脸识别等，同时 SVM 也应用于许多工程技术和信息过滤等领域。

第10章 基于 LDA 模型的电商产品评论主题分析

在电商平台激烈竞争的大背景下，了解用户对商品的反馈对于电商平台来说变得越来越重要。本章从电商商品评论文本数据分析的需求出发，对京东平台上某品牌热水器的用户评价情况进行 LDA 主题模型分析，挖掘该品牌评论中的有用信息，并提供相关的销售建议。

10.1 通过文本信息调研获得用户评价分析

10.1.1 文本挖掘

我们如今正处于一个大数据时代。据统计，现今高达 80%的商业数据均以文本、图像等非结构化的形式存在，如何充分有效地挖掘数据的价值成为所有企业面临的挑战和机遇。在数据挖掘中，我们经常需要处理大量的非结构化或者半结构化的文本数据。文本数据通常包括书籍、新闻、邮件、聊天记录、产品评论、演讲稿等。文本挖掘在现实中的应用非常广泛。虽然文本表达方式多种多样，计算机很难理解文本意义，但是我们可以通过一些方法将文本转化为便于计算机处理的向量、矩阵等。通过对转化后的文本数据建立数学模型，我们能够快速找到文本中存在的模式[26−28]。

10.1.2 LDA 模型

潜在狄利克雷分配 (Latent Dirichlet allocation, LDA) 是一种无监督的生成式主题模型，在机器学习和自然语言处理等领域可以用来发现一系列文档的抽象主题。LDA 不仅可以用来做商品评论的热门关注点分析，还可以用来排除文档中噪声的影响，计算文本间的相似度等。

作为一种文本分析常用的模型，LDA 在商业中有许多应用。比如通过对商品评论进行 LDA 语义分析，得到文本的主题以及主题所占的比例，进而可以与推荐系统结合从而给予用户最合适的产品；通过对多篇文本的语义分析，可以找出相似话题，达到分析作者写作特点、对未署名文本进行作者预测的目的；通过对近期互联网资讯、微博消息进行文本分析，可以达到对近期上映电影评分、近期新闻舆情监测、证券金融等行业的走势进行预测等目的[29−34]。

10.2 调研文本的数据处理

10.2.1 数据来源

选取“第三届泰迪杯数据挖掘竞赛”试题一中的电热水器评论数据集。该数据集是利用爬虫工具，对京东商城六种品牌的热水器评论数据进行采集而得到的。将品牌为“某品牌”的“评论”一列抽取，另存为文本文件 txt 格式，编码为 utf-8。

```
import pandas as pd
file = 'huizong.csv'
outputfile ='haier_jd.txt'
data = pd.read_csv(file, encoding = 'utf-8')
data = data[[u'评论']][data[u'品牌'] == u'某品牌']
data.to_csv('haier_jd.txt', index = False, header = False,
    encoding = 'utf-8')
```

10.2.2 文本评论分词

在汉语中，只有字、句和段落能够通过明显的分节符进行简单的划界，对于“词”和“词组”来说比较难分界。因此在进行中文文本挖掘时，首先需要对文本进行分词，即将连续的字序列按照一定的规则重新组成词序列。本书采用 Python 中的中文分词包 jieba (结巴分词),“结巴分词”提供分词、词性标注、未登录词识别、支持用户词典等功能，该分词系统的精度高达 97%。对 txt 文档中的商品评论数据进行中文分词。代码如下：

```
import jieba
data1 = pd.read_csv('haier_neg.txt', encoding ='utf-8', header =
    None)
data2 = pd.read_csv('haier_pos.txt', encoding ='utf-8', header =
    None)
cut = lambda l: ' '.join(jieba.cut(l))
data1 = data1[0].apply(cut)
data2 = data2[0].apply(cut)
data1.to_csv('haier_neg_cut.txt', index = False, header = False,
    encoding = 'utf-8')
data2.to_csv('haier_pos_cut.txt', index = False, header = False,
    encoding = 'utf-8')
```

经过分词处理后的文本见表 10.1。

表 10.1　商品评论文本分词部分结果

还好	安装	费	有点	贵						
商品	已经	收到	打开	包装	检查	一下	外观	完美	还没有	安装
东西	不错	租	房子	用的	足够	了				
很好	今天	安装	好了	非常	满意					
可以	吧	能用	就好	出租	的					
简直	就是	变相	收费	几节	pc 管	加	几个	弯头	就要	两百多
后期	有	一百多	的	管道	费	插电	一天	要	6 度电	
安装	完成	还	未	使用	感觉	外观	不错			

10.2.3　情感分析

虽然 LDA 模型可以直接对文本进行主题分析，但是如果文本的正面评价和负面评价混淆在一起，可能会在一个主题下生成一些令人迷惑的词语。因此在构建模型之前，我们需要将评论文本分成正面评价和负面评价两组，再分别进行主题分析。本书利用武汉大学研发的内容分析系统 ROSTCM6[1] 对文本进行情感倾向性分析，将评论数据分割成正面 (好评)、负面 (差评)、中性 (中评)，生成“正面感情结果”“负面感情结果”和“中性感情结果”三组文本。舍去“中性感情结果”文本，得到正面评价文本和负面评价文本，再进行后续的 LDA 模型构建。

10.3　LDA 主题模型介绍

10.3.1　模型介绍

LDA 模型将一篇文档视为一个词频向量，定义词表大小为 L，一个 L 维向量 $(1,0,0,\cdots,0)$ 表示一个词。由 N 个词构成的评论记为 $d=(w_1,w_2,\cdots,w_N)$。假设某一商品的评论集 D 由 M 篇评论构成，记为 $D=(d_1,d_2,\cdots,d_M)$。M 篇评论分布着 K 个主题，记为 $z_i(i=1,2,\cdots,K)$。记 θ 为主题在文档中的多项分布的参数，其服从超参数为 α 的 Dirichlet 先验分布，ϕ 为词在主题中的多项分布的参数，其服从超参数为 β 的 Dirichlet 先验分布。LDA 模型如图 10.1 所示。

LDA 模型假定每篇评论由各个主题按一定比例随机混合而成，混合比例服从多项分布，记为

$$Z|\theta=\text{Multinomial}(\theta) \tag{10.1}$$

而每个主题由各个词语按一定比例混合而成，混合比例也服从多项分布，记为

$$W|Z,\phi=\text{Multinomial}(\phi) \tag{10.2}$$

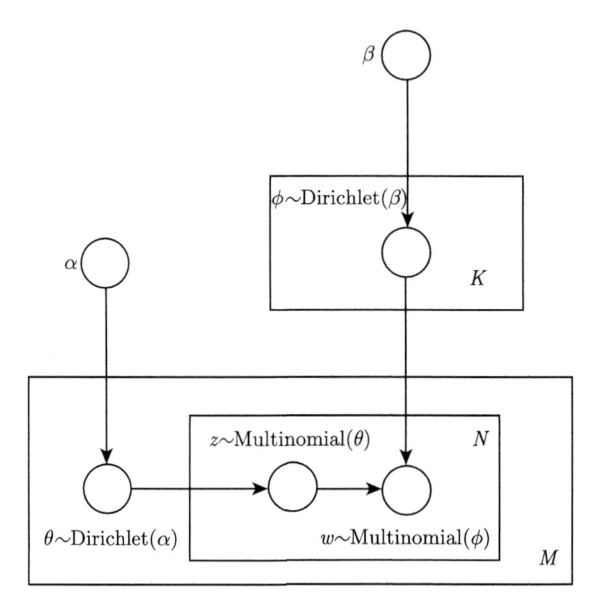

图 10.1　LDA 模型结构示意图

则在评论 d_j 条件下生成词 w_i 的概率为

$$P(w_i|d_j)=\sum_{k=1}^{K}P(w_i|z_i=k)P(z_i=k|d_j) \tag{10.3}$$

其中，$P(w_i|z_i=k)$ 表示词 w_i 属于第 k 个主题的概率，$P(z_i=k|d_j)$ 表示第 k 个主题在评论 d_j 中的概率。

10.3.2　模型参数估计

LDA 模型对参数 θ 和 ϕ 的近似估计通常使用 MCMC 算法中的 Gibbs 抽样。由贝叶斯法则，我们容易得到

$$P(z_i=k|Z_{-i},W)\propto P(z_i=k,w_i=t|Z_{-i},W-i) \tag{10.4}$$

对于 $z_i=k,w_i=t$，它只涉及第 m 篇文档和第 k 个主题这两个 Dirichlet-Multinomial 分布，即

$$\alpha\to\theta_m\to z_m:P(\theta_m|Z_{-i},W-i)=\text{Dirichlet}(\theta_m|n_{m,-i}+\alpha) \tag{10.5}$$

$$\beta\to\phi_k\to w_k:P(\phi_k|Z_{-i},W-i)=\text{Dirichlet}(\phi_k|n_{k,-i}+\beta) \tag{10.6}$$

其中，$n_{m,-i}$ 表示不包含当前文档 d_j 的文档被分配到当前主题 z_m，则有

$$P(z_i=k|Z_{-i},W)\propto P(z_i=k,w_i=t|Z_{-i},W_{-i})$$

$$
\begin{aligned}
&=\int P(z_i=k,w_i=t,\theta_m,\phi_k|Z_{-i},W_{-i})\mathrm{d}\theta_m\mathrm{d}\phi_k\\
&=\int P(z_i=k,\theta_m,\phi_k|Z_{-i},W_{-i})\times P(w_i=t,\theta_m,\phi_k|Z_{-i},W_{-i})\mathrm{d}\theta_m\mathrm{d}\phi_k\\
&=\int P(z_i=k|\theta_m)\times P(\theta_m|Z_{-i},W_{-i})\times P(w_i=t,\phi_k|Z_{-i},W_{-i})\mathrm{d}\theta_m\mathrm{d}\phi_k\\
&=\int P(z_i=k|\theta_m)\mathrm{Dirichlet}(\theta_m|n_{m,-i}+\alpha)\mathrm{d}\theta_m\\
&\quad\times\int P(w_i=t|\phi_k)\mathrm{Dirichlet}(\phi_k|n_{k,-i}+\beta)\mathrm{d}\phi_k\\
&=\int \theta_{mk}\mathrm{Dirichlet}(\theta_m|n_{m,-i}+\alpha)\mathrm{d}\theta_m\times\int \phi_{kt}\mathrm{Dirichlet}(\phi_k|n_{k,-i}+\beta)\mathrm{d}\phi_k\\
&=E(\theta_{mk})\times E(\phi_{kt})
\end{aligned}
$$

最终我们得到了 LDA 模型的 Gibbs 抽样公式

$$
P(z_i=k|Z_{-i},W)\propto\frac{n_{m,k}+\alpha_k}{\sum_{k=1}^{K}n_{m,k}+\alpha_k}\times\frac{n_{k,t}+\alpha_t}{\sum_{k=1}^{K}n_{k,t}+\alpha_t} \tag{10.7}
$$

其中，$n_{m,k}$ 表示文档 d_m 中包含主题 z_k 的个数，$n_{k,t}$ 表示词 w_i 在主题 z_k 中出现的次数。

根据该公式，我们可以用 Gibbs 采样方法对所有词的主题采样，并通过统计所有词的主题得到各个主题的词分布，统计各个文档对应词的主题数从而得到各个文档的主题分布。

10.3.3 模型的评价

评价指标采用文本建模中常用的困惑度 (perplexity) 来衡量，困惑度越小，主题词被选中的概率越大，表明语言模型吻合度越好。其定义公式如下：

$$
\mathrm{Perplexity}(W)=\exp-\frac{\sum_{m=1}^{M}\ln(p(w_m))}{\sum_{m=1}^{M}N_m} \tag{10.8}
$$

式中，W 为样本集，w_m 为样本集文档 m 中可观测到的单词，$p(w_m)$ 表示模型产生文本 w_m 的概率，N_m 为文档 m 的单词数。

在相同的参数设置和语料下，通过计算困惑度来衡量模型的处理效果。在其他条件固定的情况下，主题数越多，困惑度越小，但是模型容易出现过拟合，因此需要选择合适的主题个数。

10.4　LDA 模型的算法

上一节叙述了 LDA 模型的具体算法，现在我们对经过预处理后的文本进行主题分析。其中正面评价文本共有 39424 个文档，负面评价文本共有 5441 个文档。代入 LDA 模型中，代码如下：

```
neg = pd.read_csv('haier_neg_cut.txt', encoding = 'utf-8', header =
    None)
pos = pd.read_csv('haier_pos_cut.txt', encoding = 'utf-8', header =
    None)
stop = pd.read_csv('stoplist.txt', encoding = 'utf-8', header =
    None, sep = 'tipdm')
stop = [' ', ''] + list(stop[0])
neg[1] = neg[0].apply(lambda s: s.split(' '))
neg[2] = neg[1].apply(lambda x: [i for i in x if i not in stop
    ])
pos[1] = pos[0].apply(lambda s: s.split(' ')) pos[2] =
pos[1].apply(lambda x: [i for i in x if i not in stop])
from gensim import corpora, models
#负面主题分析
neg_dict = corpora.Dictionary(neg[2]) #建立词典
neg_corpus = [neg_dict.doc2bow(i) for i in neg[2]] #建立语料库
neg_lda = models.LdaModel(neg_corpus, num_topics = 3, id2word
     = neg_dict) #LDA模型训练
for i in range(3):
neg_lda.print_topic(i)

#正面主题分析
pos_dict = corpora.Dictionary(pos[2])
pos_corpus = [pos_dict.doc2bow(i) for i in pos[2]]
pos_lda = models.LdaModel(pos_corpus, num_topics = 3, id2word
     = pos_dict)
for i in range(3):
neg_lda.print_topic(i)
```

表 10.2 显示了某品牌电热水器正面评价文本中的潜在主题，表 10.3 显示了某品牌电热水器负面评价文本中的潜在主题。

表 10.2 某品牌电热水器正面评价文本中的潜在主题

主题 1		主题 2		主题 3	
的	了	很	送货	价格	自己
不错	用	不错	好	的	非常
还	买	快	服务	了	东西
好	安装	用	的	买	值得
热水器	京东	加热	上门	师傅	售后

表 10.3 某品牌电热水器负面评价文本中的潜在主题

主题 1		主题 2		主题 3	
某品牌	不	速度	就是	京东	自己
加热	就	不知道	有点	安装	也
不好	安装	自己	售后	还可以	但是
买	说	没	使用	没	东西
元	热水	热水器	吧	没用	有点

10.5 电商产品评价分析

10.5.1 结果展示

从上一节提到的某品牌热水器好评的三个潜在主题中，我们可以看出，主题 1 中的高频特征词为“好”“安装”“不错”“京东”等，主要反映京东服务好，热门关注点在某品牌热水器的安装上；主题 2 中的高频特征词为“快”“上门”“不错”等，反映了京东送货快、上门服务比较到位以及加热效果好，热门关注点主要是服务和商品质量等；主题 3 中的高频特征词有“价格”“售后”“东西”等，主要反映了某品牌热水器的价格适中和售后不错，值得购买，热门关注点主要是售后、师傅和价格。

根据对某品牌热水器差评的三个潜在主题的特征词提取可知，主题 1 中的高频特征词主要是“加热”“安装”“元”等，反映了某品牌热水器安装收费高、热水器售后服务不好，热门关注点在安装费上；主题 2 中的高频特征词主要是“速度”“售后”“使用”等，说明某品牌热水器售后服务还需要改进，以及使用体验不太理想；主题 3 中的高频特征词主要有“没用”“有点”“但是”等语气词以及“自己”“安装”等，可能反映了某品牌热水器需要自己安装，不太方便。

为了更加直观地看出用户对某品牌电热水器商品的热门关注点，我们删除重复特征词，分别做出好评和差评文档潜在主题对应的高频特征词的词云图，如图 10.2 和图 10.3 所示。

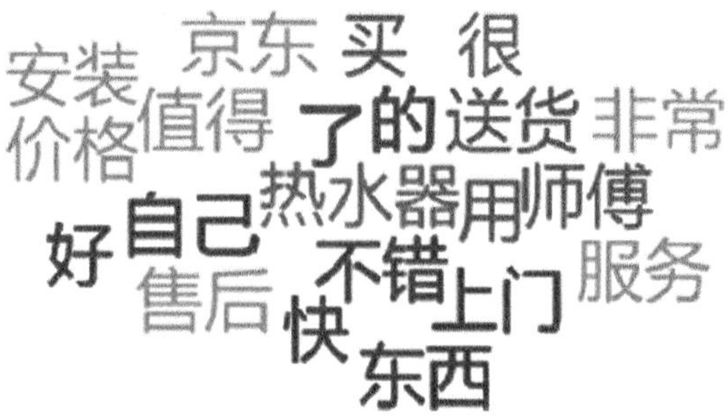

图 10.2　好评文档潜在主题下的高频词

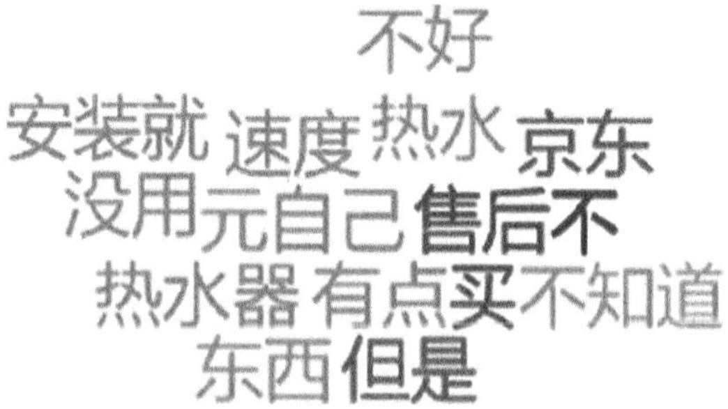

图 10.3　差评文档潜在主题下的高频词

综合以上对某品牌热水器商品评论样本的主题分析，我们可以看出，某品牌热水器的优势主要有：价格实惠、送货快、服务好、加热速度快、使用方便、性价比较高等。而用户对某品牌热水器的差评主要源自于热水器安装不方便、安装费比较贵以及售后服务不到位等。根据对京东平台上某品牌热水器的用户评价情况进行 LDA 主题模型分析，我们对某品牌提出以下建议：

(1) 在保持热水器使用方便、价格实惠等优点的基础上，对热水器进行改进，从整体上提升热水器的质量和使用体验。

(2) 提升安装人员及客服人员的整体素质，提高售后服务质量。

(3) 制订安装费用收取的明文细则，并公开透明化，减少安装过程中乱收费的问题。适度降低安装费用和材料费用，以此在大品牌的竞争中凸显优势。

10.5.2　模型的不足和改进

在建模的过程中，我们主要发现以下问题和不足：

(1) 模型质量较差，每个主题中的无效特征词较多且较难清洗干净。

(2) 主题之间区别不够显著，效果不佳。

(3) 每个主题中的特征词之间的关联性很低。

(4) LDA 模型中超参数 α 和 β 的数值没有合适的选择方法。

针对上述的不足之处，我们可以尝试做出以下改进。在进行参数训练时，根据“专家经验”，手动去除每个主题中不属于该主题的词。处理完之后可以得到一个比较可靠的先验知识，将这个“先验知识”作为变量传入下一次的 LDA 过程。在模型初始化时将“先验知识”中的词以较大概率落到相应的主题中。这样继续进行迭代后，主题分析的效果会有一定改进。还可以利用交叉验证的方法选取合适的超参数对模型进行求解。

在主题分析的基础上有必要进行更加深入的文本挖掘探索，如文本情感分析、产品属性评价提取等，实现评论文本更加全面、细致的分析，充分挖掘文本信息的价值，为电子商务经营提供更加精准的建议。

10.6　LDA 模型总结以及延伸应用

本章利用 LDA 模型，对京东商城中的某品牌热水器商品评论进行主题分析，得到用户对该品牌热水器的热门关注点。上述模型结果表明本章的 LDA 建模方法有很好的分析表现。在参数估计时我们利用 Gibbs 抽样方法，提高了主题分析的效果和精度。本章的研究重点集中在文本数据的结构化处理和 LDA 模型的参数选择两个方面，虽然取得了较好的分析效果，但是不论是在研究方法上还是在研究深度上都仍有改进空间。

LDA 模型是无监督的、完全自动化的。我们只需要提供样本文档，就可以训练出各种概率分布，无须任何人工标注的过程。而且 LDA 模型和语言无关，任何语言只要能够对它进行分词，就可以进行训练，得到文本的主题分布。

综上所述，LDA 主题模型能够充分挖掘语言背后的隐含信息，并且效果好、易操作。近些年来，各大互联网公司都已经开始重视这方面的研发工作，语义分析的技术正在逐步深入到各个产品中去。

第 11 章　LSTM 神经网络及糖尿病知识图谱构建

知识图谱不仅是一个复杂的全局知识库，也是智能搜索和深度智能问答的基础。命名实体识别是知识图谱构建的重要一环。本章通过介绍 BiLSTM+CRF 算法以及算法的实战过程，希望能够让大家初步了解深度学习在知识图谱构建中的应用。

11.1　基于神经网络的糖尿病知识图谱构建

11.1.1　自然语言处理

在自然语言处理问题中，序列标注问题是最常见的问题。序列标注问题包括自然语言处理中的分词、词性标注、命名实体识别、关键词抽取、词义角色标注等。我们只要在做序列标注时给定特定的标签集合，就可以对未标注的序列进行序列标注。

在深度学习取得重大发展之前，我们处理常序列标注问题通常采用的解决方案有 HMM 模型、最大熵模型、CRF 模型。尤其是 CRF 模型，是解决序列标注问题的主流方法。随着深度学习的发展，循环神经网络在序列标注问题中取得了巨大的成果。而且深度学习中的端到端 (end-to-end)，也让序列标注问题变得更加简单了。

11.1.2　实体识别

本章主要考虑序列标注问题中的中文命名实体识别，命名实体识别是自然语言处理中一项比较基础的任务。其含义就是指从已知文本中识别出命名性指称项，为关系抽取等任务做铺垫。从狭义的角度来说，就是在文本中识别出人名、地名和组织机构名这三类命名实体 (时间、货币名称等构成规律明显的实体类型可以用正则表达式等方式识别)。当然，针对特定的领域 (如金融、电商等)，会相应地定义领域内的各种实体类型。

现在，考虑这么一个问题，我们获取到了数百篇关于糖尿病的学术论文和临床指南等文献资料，需要在学术论文和临床指南的基础上，做糖尿病相关实体的标注 (包括疾病名称、病因、临床表现等)。

例如，文献中有这么一句话：“目前，我就读于上海交通大学。” 需要我们识别出 “上海交通大学” 这个实体。从另一个角度来说，这个问题属于多分类问题，也就是将每个识别出的实体分为我们定义的不同类别，这里用 BiLSTM+CRF 来解决这个问题。

11.1.3 糖尿病文本数据集介绍

瑞金医院 MMC 人工智能辅助构建知识图谱大赛数据集是包含糖尿病相关的学术论文以及糖尿病临床指南的公共数据集 (如对数据集有需要请联系大赛主办方)，要求在学术论文和临床指南的基础上，做实体的标注。实体类别共 15 类。包括：

(1) 疾病名称 (disease)：如 I 型糖尿病。

(2) 病因 (reason)：疾病的成因、危险因素及机制。比如“糖尿病是由胰岛素抵抗导致的”，胰岛素抵抗属于病因。

(3) 临床表现 (symptom)：包括症状、体征、病人直接表现出来的和需要医生进行查体得出来的判断，如“头晕”“便血”等。

(4) 检查方法 (test)：包括实验室检查方法、影像学检查方法、辅助试验、对于疾病有诊断及鉴别意义的项目等，如甘油三酯。

(5) 检查指标值 (test_value)：指标的具体数值、阴性阳性、有无、增减、高低等，如“>11.3 mmol/L”。

(6) 药品名称 (drug)：包括常规用药及化疗用药，如胰岛素。

(7) 用药频率 (frequency)：包括用药的频率和症状的频率，比如一天两次。

(8) 用药剂量 (amount)：如 500mg/d。

(9) 用药方法 (method)：如早晚、餐前餐后、口服、静脉注射、吸入等。

(10) 非药治疗 (treatment)：在医院环境下进行的非药物性治疗，包括放疗、中医治疗方法等，比如推拿、按摩、针灸、理疗，不包括饮食、运动、营养等。

(11) 手术 (operation)：包括手术名称，如代谢手术等。

(12) 不良反应 (sideeffect)：用药后的不良反应。

(13) 部位 (anatomy)：包括解剖部位和生物组织，比如人体各个部位和器官，胰岛细胞。

(14) 程度 (level)：包括病情严重程度、治疗后缓解程度等。

(15) 持续时间 (duration)：包括症状持续时间，用药持续时间，如“头晕一周”的“一周”。

11.2 BiLSTM+CRF 算法理论介绍

11.2.1 RNN

在介绍双向长短时记忆网络 (BiLSTM) 算法之前，需要先了解循环神经网络

(recurrent neural network, RNN)。RNN 是用来处理序列数据的。在传统神经网络模型中，层与层之间是全连接的且一层中每个节点之间是不相连的。因此，与传统神经网络模型相比，RNN 在预测序列数据时，有一定的优势。比如，我们在预测一个句子中下一个单词是什么时，因为一个句子中的单词并不是相互独立的，所以在预测时需要用到之前的信息。

RNN 可视化展示结构如图 11.1 所示。

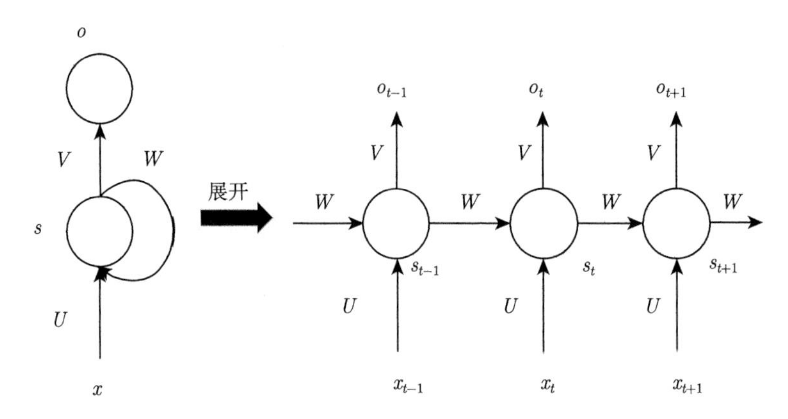

图 11.1 RNN 可视化展示结构图

图 11.1 展示的是一个在时间上展开的 RNN，其包含输入单元, 输入集标记为 $x_t|t=1,2,\cdots,n$；输出单元，输出集标记为 $o_t|t=1,2,\cdots,n$；以及隐藏单元，隐藏单元集标记为 $s_t|t=1,2,\cdots,n$，这些隐藏单元完成了最为主要的工作。图 11.1 中，从输入层连接到隐藏层的权值被标记为 U，从隐藏层到自己的连接权值被标记为 W，从隐藏层到输出层的权值被标记为 V。注意，每一个时步同样的权值会被再使用。同时，为了表示清晰，偏置的权值在这里被忽略。

在 RNN 中，从输入单元到达隐藏单元的信息流是单向流动的，与此同时，从隐藏单元到达输出单元的信息流也是单向流动的。但是，在某些情况下，RNN 会打破后者的限制，将信息从输出单元返回隐藏单元，这些被称为“反向投影”(back projections)，并且隐藏层的输入还包括上一层隐藏层的输出，即隐藏层内的节点是既可以自连也可以互连的。

对于 RNN 的计算过程如下：

(1) x_t 表示第 $t(t=1,2,3,\cdots)$ 步的输入。

(2) s_t 为隐藏层第 t 步的状态，它是网络的记忆单元。s_t 根据当前输入层的输出和上一步隐藏层的输出进行计算：

$$s_t = f(Ux_t + Ws_{t-1}) + b$$

其中，f 一般为非线性的激活函数，如 tanh 或 ReLU(后面会用到 LSTM)，在计算 s_0 时，即第一个的隐含状态，需要用到 s_{t-1}，但其并不存在，在现实中一般被设置为 0 向量。

(3) o_t 为输出单元第 t 步的状态。通常处理的是分类问题，因此我们从输出中可以得到：$o_t = \text{softmax}(Vs_t + c)$。

长短时记忆 (long short-term memory, LSTM)，它是 RNN 的一种。由于 LSTM 设计的特点，其非常适合用于对时序数据的建模，如文本数据。BiLSTM 是 Bi-directional Long Short-Term Memory 的缩写，是由前向 LSTM 与后向 LSTM 组合而成的。两者在自然语言处理任务中都常被用来建模上下文信息[35−38]。

11.2.2 LSTM

LSTM 模型是由时刻 t 的输入词 x_t、细胞状态 C_t、临时细胞状态 $\tilde{C}_t$、隐层状态 h_t、遗忘门 f_t、记忆门 i_t、输出门 o_t 组成的。

LSTM 的计算过程可以概括为，通过对细胞状态中信息遗忘和记忆新的信息，对后续时刻计算有用的信息得以传递，而无用的信息被丢弃，并在每个时间步都会输出隐层状态，其中遗忘、记忆与输出由通过上个时刻的隐层状态 h_{t-1} 和当前输入 x_t 计算出来的遗忘门 f_t、记忆门 i_t、输出门 o_t 来控制。

LSTM 总体框架如图 11.2 所示。

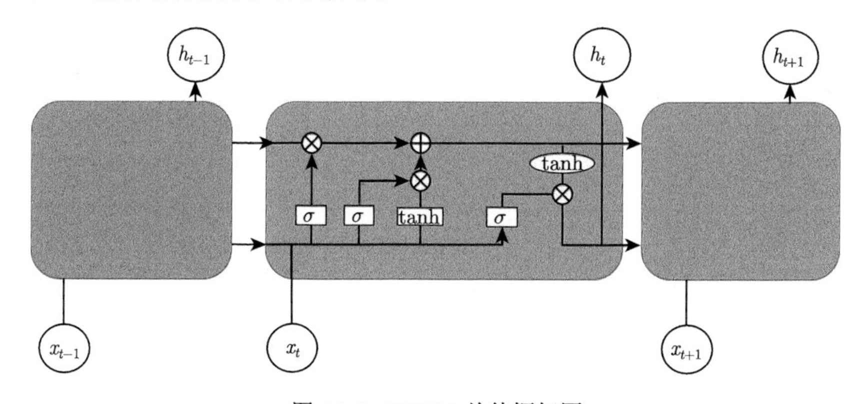

图 11.2 LSTM 总体框架图

详细计算过程如下：

(1) 计算遗忘门，选择要遗忘的信息 (图 11.3)。

输入：前一时刻的隐层状态 h_{t-1}，当前时刻的输入词 x_t。

输出：遗忘门的值 f_t，$f_t = \sigma(W_f \times [h_{t-1}, x_t] + b_f)$，$\sigma$ 为 sigmoid 函数。

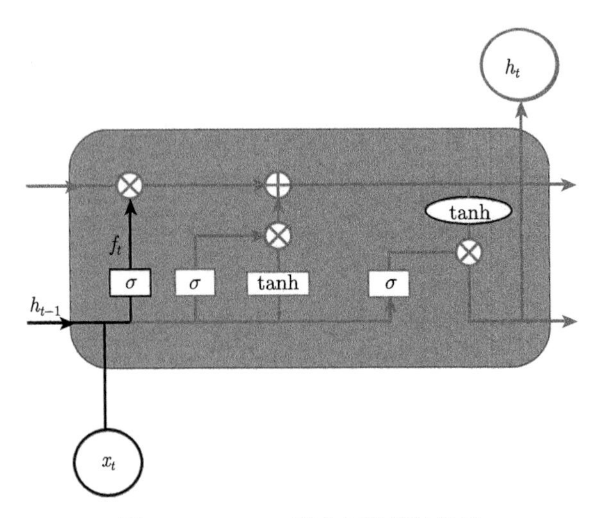

图 11.3　LSTM 遗忘门计算结构图

(2) 计算记忆门，选择要记忆的信息 (图 11.4)。

输入：前一时刻的隐层状态 h_{t-1}，当前时刻的输入词 x_t。

输出：记忆门的值 i_t，临时细胞状态 $\tilde{C}_t$，$i_t = \sigma(W_i \times [h_{t-1}, x_t] + b_i)$，$\tilde{C}_t = \tanh(W_C \times [h_{t-1}, x_t] + W_C)$。

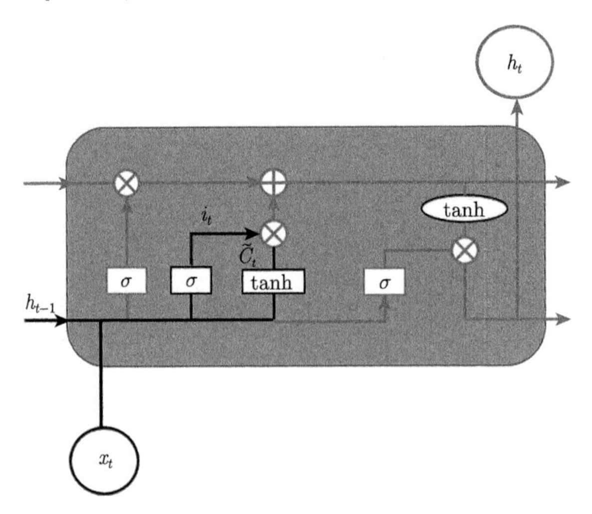

图 11.4　LSTM 记忆门计算结构图

(3) 计算当前时刻细胞状态 (图 11.5)。

输入：记忆门的值 i_t，遗忘门的值 f_t，临时细胞状态 $\tilde{C}_t$，上一刻细胞状态 C_{t-1}。

输出：当前时刻细胞状态 C_t，$C_t = f_t \times C_{t-1} + i_t \times \tilde{C}_t$。

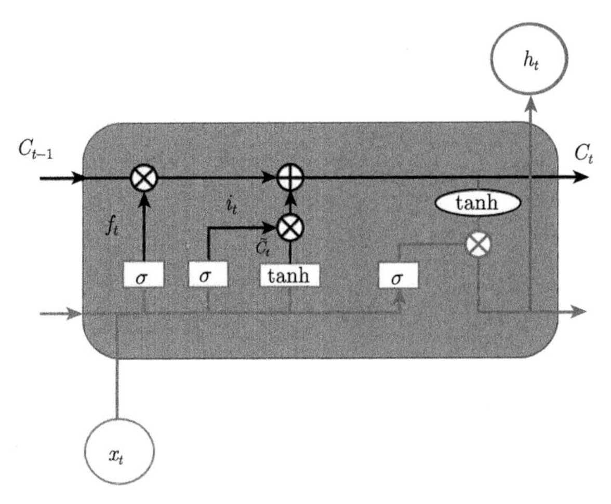

图 11.5 LSTM 当前时刻细胞状态计算结构图

(4) 计算输出门和当前时刻隐层状态 (图 11.6)。

输入：前一时刻的隐层状态 h_{t-1}，当前时刻的输入词 x_t，当前时刻细胞状态 C_t。

输出：输出门的值 o_t，隐层状态 h_t，$o_t = \sigma(W_o \times [h_{t-1}, x_t] + b_o)$，$h_t = o_t \times \tanh(C_t)$。

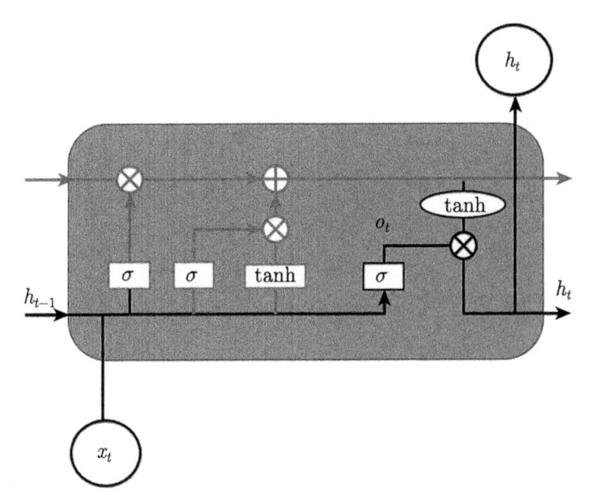

图 11.6 LSTM 输出门和当前时刻隐层状态计算结构图

最终，我们可以得到与句子长度相同的隐层状态序列 $h_1, h_2, \cdots, h_t$。

11.2.3 BiLSTM

前向的 LSTM 与后向的 LSTM 结合成 BiLSTM。比如，我们对“并发症”这段文字进行编码，模型如图 11.7 所示。

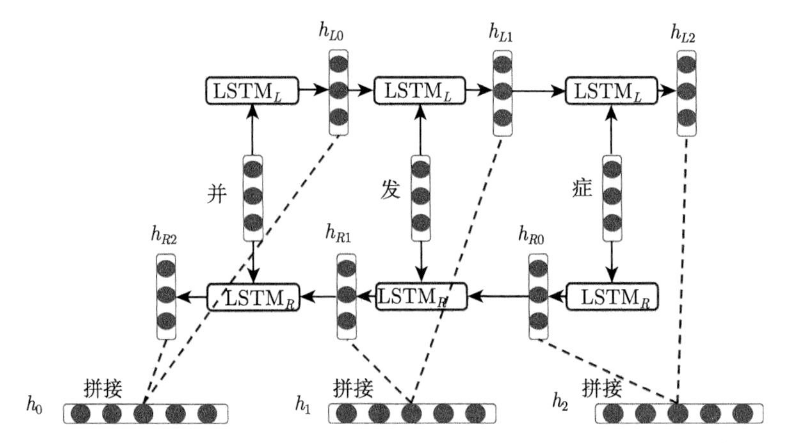

图 11.7　BiLSTM 模型示意图

前向的 LSTM_L 依次输入“并”“发”“症”得到三个向量 h_{L0}, h_{L1}, h_{L2}。后向的 LSTM_R 依次输入“症”“发”“并”得到三个向量h_{R0},h_{R1},h_{R2}。最后将前向和后向的隐向量进行拼接得到 $[h_{L0}, h_{R0}], [h_{L1}, h_{R1}], [h_{L2}, h_{R2}]$，即 h_0, h_1, h_2。

11.2.4　CRF

对于序列标注问题，通常会在 LSTM 的输出后接一个 CRF 层：将 LSTM 的输出通过线性变换得到维度为 $[\mathrm{batch}_{\mathrm{size}}, \mathrm{max}_{\mathrm{seqlen}}, \mathrm{num}_{\mathrm{tags}}]$ 的张量，这个张量再作为一元势函数 (unary potentials) 输入到 CRF 层。

11.3　BiLSTM+CRF 模型评价

11.3.1　获得上下文信息

与普通 CNN 相比，LSTM 能够获取序列上文信息，对序列的标注更有帮助，本章采用的 BiLSTM 更是能够获取序列的上下文信息，因此更有优势[39,40]。

11.3.2　考虑到输出规则

与单纯 BiLSTM 相比，在 BiLSTM 之后加入 CRF 层能够很好地弥补传统 BiLSTM 的不足。因为当一个预测序列得分很高时，并不是各个位置都是 softmax 输出最大概率值对应的标签，还要考虑前面转移概率相加最大，即还要符合输出规则 (B 后面不能再跟 B)。比如假设 BiLSTM 输出的最有可能序列为 BBEBEOOO，因为转移概率矩阵中 B->B 的概率很小甚至为负，所以根据 s 得分，这种序列不会得到最高的分数，即不是我们想要的序列。

11.4 糖尿病知识图谱构建过程

11.4.1 BiLSTM+CRF 模型框架分析

知识图谱的概念是由谷歌公司于 2012 年提出的，希望实现更智能的搜索引擎，并在智能问答、情报分析、反欺诈等应用场景中发挥重要的作用。

从本质上来说，知识图谱是一种大型语义网络 (semantic network)，也可以说是具备有向图结构的知识库。其中，图的节点代表实体或者概念，而图中节点与节点之间的边代表实体/概念之间的各种语义关系，比如说两个实体之间的相似程度。

知识图谱的构建包括以下三个步骤：

(1) 知识抽取：从各类型的数据中提取出实体 (实体识别)、实体之间的相互关系 (关系抽取)，在此基础上形成本体化的知识表达。

(2) 知识融合：在获得新知识后，需要对其整合从而消除矛盾和歧义，比如某种实体可能有多种不同表达，某个特定称谓对应多个不同的实体等。

(3) 知识加工：对于经过融合的新知识，需要进行相应的评估 (部分需要人工介入甄别)，才能将合格的知识加入到知识库中进而确保知识库的质量。

为了让大家能够更形象地理解本章所解决的问题，假设有句子：

目前，II 型糖尿病及其并发症已经成为危害公众健康的主要疾病之一。

对这句话进行序列标注之后输出结果：

目 (O) 前 (O), 2(B_Disease) 型 (M_Disease) 糖 (M_Disease) 尿 (M_Disease) 病 (E_Disease) 及 (O) 其 (O) 并 (O) 发 (O) 症 (O) 已 (O) 经 (O) 成 (O) 为 (O) 危 (O) 害 (O) 公 (O) 众 (O) 健 (O) 康 (O) 的 (O) 主 (O) 要 (O) 疾 (O) 病 (O) 之 (O) 一 (O)。(O)

那么，可以找到所需要的 Disease 实体：II 型糖尿病。

本章使用的模型结构如图 11.8 所示。输入层将文本序列中的每个汉字进行向量化，作为 BiLSTM 层的输入。之后利用一个 BiLSTM(双向的 LSTM) 对输入序列进行编码 (encode) 操作，也就是进行特征提取。采用 BiLSTM 的效果要比单向的 LSTM 效果好，因为 BiLSTM 将序列正向和逆向均进行了遍历，相较于单向 LSTM 可以更好提取到文本的上下文特征。在经过 BiLSTM 层之后，使用一个 CRF 层进行解码操作 (decode)，将 BiLSTM 层提取到的特征作为输入，然后利用 CRF 从这些特征中计算出序列中每一个元素的标签。

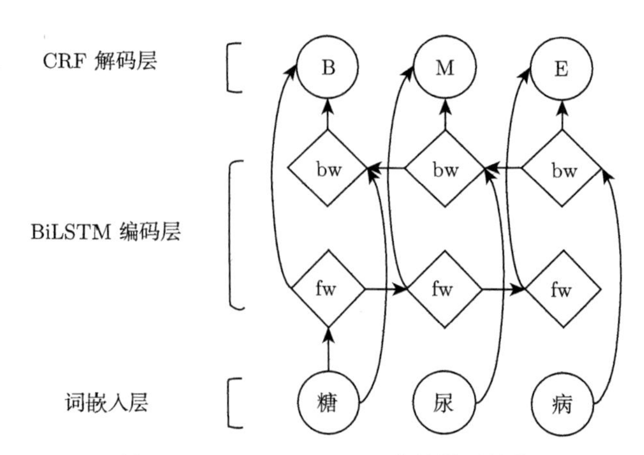

图 11.8 BiLSTM+CRF 整体模型结构

CRF 是机器学习的方法，机器学习中的一个重点也是难点就是如何选择和构造特征。BiLSTM 属于深度学习方法，深度学习的一个重要的优势在于不需要人为地构造和选择特征，模型会根据训练语料自动地选择构造特征。因此采用 BiLSTM 进行特征的选择构造，然后采用 CRF，根据得到的特征进行解码得到最终的序列标注结果。

11.4.2 数据处理

1. 文本 BME 标注

简而言之，就是把不属于实体的字用 O 标注，把实体用 BME 规则标注，最后按照 BME 规则把实体提取出来就可以了。BME 规则指的是一个单词第一个字为 B，结尾字为 E，中间字为 M。

假设有句子：

目前，II 型糖尿病及其并发症已经成为危害公众健康的主要疾病之一。

对这句话进行 BME 规则标注之后输出结果：

目 (O) 前 (O)，II (B_Disease) 型 (M_Disease) 糖 (M_Disease) 尿 (M_Disease) 病 (E_Disease) 及 (O) 其 (O) 并 (O) 发 (O) 症 (O) 已 (O) 经 (O) 成 (O) 为 (O) 危 (O) 害 (O) 公 (O) 众 (O) 健 (O) 康 (O) 的 (O) 主 (O) 要 (O) 疾 (O) 病 (O) 之 (O) 一 (O)。(O)

```
#%%数据标注
f = open(trainTxtArr[number],encoding='utf-8')
s=trainTxtArr[number][0:len(trainTxtArr[number])-3]+"ann"
f1 = open(s, encoding='utf-8')
txt=f.read()
```

```
6  lines = f1.readlines()
7  value=[]
8  index=[] #起始位置和终止位置
9  tag=[]
10 for line in lines:
11 for db in re.split(";| |!|\t|\n|,", line):
12 value.append(db)
13 for i in range(4):
14 if i<2:
15 if is_num_by_except(value[2+i]):
16 index.append(int(value[2+i]))
17 tag.append(value[1])
18 else:
19 if is_num_by_except(value[4])&is_num_by_except(value[5]):
20 index.append(int(value[2+i]))
21 tag.append(value[1])
22 value.clear()
23 f1.close()
24 str=""
25 index1=[] #便于后续清洗数据
26 for i in range(len(index)):
27 start=index[i]
28 if i%2==0:
29 index1.append(start)
30 start=start+1
31 while start<index[i+1]:
32 index1.append(start)
33 start = start + 1
34
35 for i in range(len(txt)):
36 if txt[i]!="\n":
37 if i in index1:
38 if i in index:
39 a=index.index(i)
40 if a%2==0:
41 # 双数为起始位置
42 str += txt[i]
43 str += ":B_"+tag[a]+" "
```

```
else:
str += txt[i]
str += ":O"+" "
else:
b=index1.index(i)
if i>=len(txt)-1:
str += txt[i]
str += ":E_" + tag[a]+" "
else:
if b>=len(index1)-1:
str += txt[i]
str += ":E_" + tag[a]+" "
elif (abs(index1[b+1]-index1[b])>1):
str += txt[i]
str += ":E_" + tag[a]+" "
else:
str += txt[i]
str += ":M_" + tag[a]+" "
else:
str+=txt[i]
str += ":O"+" "
f.close()
```

2. 清洗标注后文本

对于第一步标注后的文本进行进一步清洗，清除文本里的标点符号 (如：，。等)，从而进一步将文本进行分割。这样文本就分割成一段一段的字符串。

```
#%%数据清洗代码
str1 = os.path.join(filename2, trainTxtArr1[number])
str2 = os.path.join(filename3, trainTxtArr1[number])
with open(str1, 'rb') as inp:
texts = inp.read().decode('utf-8')
#sentences = re.split('[, 。! ? 、 ‘’ “” ()]/[0]', texts)
```

3. 建立 word2id 词典以及数据输出

首先，我们需要为每个字建立一个 id，另外可以在表的最后建一项 ⟨unknow⟩ 项目，来表示遇到的不在 word2id 词典中的字。可以把这个理解成为一个字典，id

越小的字，其出现的频率越高。

与此同时，与建立 word2id 词典类似，我们为每一个类别建立一个 id，即建立一个 tag2id 词典。同时在表的最后建一项 ⟨Other⟩ 项目，来表示遇到的不在 tag2id 表中的类别。

之后把第二步分割后的文本数据进行填充作为之后神经网络的输入特征 (feature)。设置每一段包含字符的最大数目为 60，少于 60 的则在后侧进行填补，多于 60 的部分则省去。同时根据之前建好的 word2id 词典，将中文汉字转化为其对应的 id，便于后面神经网络的处理。此外，根据已经设置好的 tag2id 词典对输入特征进行序列标注，每个字标注为其对应的类别，作为神经网络的标签。最后将这些表及数据转化为 pkl 文件格式保存到本地，方便后期进行调用。

```
1  #%%数据输出代码
2  datas = list()
3  labels = list()
4  tags = set()
5  str1 = os.path.join(filename5, "train11.txt")
6  str2 = os.path.join(filename6, "train1.pkl")
7  input_data = codecs.open(str1, 'r', 'utf-8')
8  for line in nput_data.readlines():
9  line = line.split()
10 linedata = []
11 linelabel = []
12 numNot0 = 0
13 for word in line:
14 ord = word.split(':')
15 linedata.append(word[0])
16 linelabel.append(word[1])
17 tags.add(word[1])
18 if word[1] != '0':
19 numNot0 += 1
20 if numNot0 != 0:
21 datas.append(linedata)
22 labels.append(linelabel)
23
24 input_data.close()
25 all_words = flatten(datas)
26 sr_allwords = pd.Series(all_words)
```

```
27 sr_allwords = sr_allwords.value_counts()
28 set_words = sr_allwords.index
29 set_ids = range(1, len(set_words) + 1)
30
31 tags = [i for i in tags]
32 tag_ids = range(len(tags))
33 word2id = pd.Series(set_ids, index=set_words)
34 id2word = pd.Series(set_words, index=set_ids)
35 tag2id = pd.Series(tag_ids, index=tags)
36 id2tag = pd.Series(tags, index=tag_ids)
37
38 word2id["unknow"] = len(word2id)+1
39
40 max_len = 60
41 def X_padding(words):
42 ids = list(word2id[words])
43 if len(ids) >= max_len:
44 return ids[:max_len]
45 ids.extend([0]*(max_len-len(ids)))
46 return ids
47
48 def y_padding(tags):
49 ids = list(tag2id[tags])
50 if len(ids) >= max_len:
51 return ids[:max_len]
52 ids.extend([0]*(max_len-len(ids)))
53 return ids
54
55 df_data = pd.DataFrame({'words': datas, 'tags': labels}, index=
       range(len(datas)))
56 df_data['x'] = df_data['words'].apply(X_padding)
57 df_data['y'] = df_data['tags'].apply(y_padding)
58 x = np.asarray(list(df_data['x'].values))
59 y = np.asarray(list(df_data['y'].values))
60
61 from sklearn.model_selection import train_test_split
62 x_train,x_test, y_train, y_test = train_test_split(x, y, test_
       size=0.1, random_state=43)
```

```
63 x_train, x_valid, y_train, y_valid = train_test_split(x_train,
       y_train,  test_size=0.1, random_state=43)
```

11.4.3 模型初试

首先，在输入时，加入一层嵌入 (embedding) 层，这个嵌入层可以将汉字转换为较为稠密的表示，它可以代替稀疏的独热表示，取得更好的效果。对于英文文献而言，由于单个英文字母是不具备任何意义的，因此只需要独热表示即可；对于中文而言，单个汉字是具有一定实际意义的，因此这次使用嵌入将汉字映射到一个较为稠密的空间。这里嵌入层的初始参数是随机设置的。

输入经过嵌入层之后输入 BiLSTM 层和 CRF 层，这部分主要是基于 TensorFlow 写的嵌入层、BiLSTM 层和 CRF 层的代码。

模型参数初始化：

```
1  #%%模型参数初始化
2  self.lr = config["lr"]
3  self.batch_size = config["batch  size"]
4  self.embedding_size = config["embedding_size"]
5  self.embedding_dim = config["embedding_dim"]
6  self.sen_len = config["sen_len"]
7  self.tag_size = config["tag_size"]
8  self.pretrained = config["pretrained"]
9  self.dropout_keep = dropout_keep
10 self.embedding_pretrained = embedding_pretrained
11 self.input_data = tf.placeholder(tf.int32, shape=[self.batch_
       size,self.sen_len], name="input_data")
12 self.labels = tf.placeholder(tf.int32,shape=[self.batch_size,
       self.sen_len], name="labels")
13 self.embedding_placeholder = tf.placeholder(tf.float32,shape=[
       self.embedding_size,self.embedding_dim], name="
       embedding_placeholder")
14 with tf.variable_scope("bilstm_crf")as  scope:
15 self._build_net()
```

网络模型建立：

```
1  #%%网络模型建立
2  word_embeddings = tf.get_variable("word_embeddings",[self.
       embedding_size, self.embedding_dim])
```

```
3   if self.pretrained:
4   embeddings_init = word_embeddings.assign(self.embedding_
        pretrained)
5   #提取张量里相应索引所对应的元素
6   input_embedded = tf.nn.embedding_lookup(word_embeddings, self.
        input_data)
7   #防止过拟合，dropout指神经元被选中的概率
8   input_embedded = tf.nn.dropout(input_embedded,self.dropout_keep
        )
9   #前向LSTM
10  lstm_fw_cell = tf.nn.rnn_cell.LSTMCell(self.embedding_dim,
        forget_bias=1.0, state_is_tuple=True)
11  # 后向LSTM
12  lstm_bw_cell = tf.nn.rnn_cell.LSTMCell(self.embedding_dim,
        forget_bias=1.0, state_is_tuple=True)
13  (output_fw, output_bw), states = tf.nn.bidirectional_dynamic_
        rnn(
14  lstm_fw_cell, # 前向LSTM
15  lstm_bw_cell, # 后向LSTM
16  input_embedded,# 输入
17  dtype=tf.float32,
18  time_major=False,
19  scope=None)
20
21  bilstm_out = tf.concat([output_fw, output_bw], axis=2)
22
23  # 全连接层
24  W = tf.get_variable(name="W", shape=[self.batch_size,2 * self.
        embedding_dim, self.tag_size],dtype=tf.float32)
25
26  b = tf.get_variable(name="b", shape=[self.batch_size, self.sen_
        len, self.tag_size], dtype=tf.float32,
27  initializer=tf.zeros_initializer())
28
29  bilstm_out = tf.tanh(tf.matmul(bilstm_out, W) + b)
30
31  # CRF层
32  log_likelihood, self.transition_params = tf.contrib.crf.crf_log
```

```
    _likelihood(bilstm_out , self.labels ,
33 tf.tile(np.array([self.sen_len]),np.array([self.batch_size])))
34
35 loss = tf.reduce_mean(-log_likelihood)
36
37 self.viterbi_sequence , viterbi_score = tf.contrib.crf.crf_
       decode(bilstm_out , self.transition_params ,
38 tf.cast(tf.tile(np.array([self.sen_len]),np.array([self.batch_
       size])),tf.int32))
39
40 #训练操作
41 optimizer = tf.train.AdamOptimizer(self.lr)
42 self.train_op = optimizer.minimize(loss)
```

这里还需要补充一点就是关于模型的评价。命名实体识别任务结果的准确度判断有三个值: 准确率、召回率和 $f1$ 值。

这里需要先定义一个交集, 是经过模型抽取出来的实体, 与数据集中的所有实体, 取交集。那么,

$$\text{准确率} = \frac{\text{交集}}{\text{模型抽取出的实体}} \tag{11.1}$$

$$\text{召回率} = \frac{\text{交集}}{\text{数据集中的所有实体}} \tag{11.2}$$

$$f1\text{值} = \frac{2 \times (\text{准确率} \times \text{召回率})}{\text{准确率} + \text{召回率}} \tag{11.3}$$

一般我们用 $f1$ 值来作为模型结果的评价标准, 因为其既考虑到了准确率, 又考虑到了召回率。

```
1 #%%模型评价代码
2 entity = []
3 for i in range(len(x)):  # for every sen
4 for j in range(len(x[0])):  # for every word
5 if x[i][j] == 0 or y[i][j] == 0:
6 continue
7 if len(id2tag[y[i][j]])> 0:
8 if id2tag[y[i][j]][0] == 'B':
9 entity = [id2word[x[i][j]] + '/' + id2tag[y[i][j]]]
10 elif id2tag[y[i][j]][0] == 'M' and len(entity) != 0 and entity
       [-1].split('/')[1][1:] == id2tag[y[i][j]][
```

```
11 1:]:
12 entity.append(id2word[x[i][j]] + '/' + id2tag[y[i][j]])
13 elif id2tag[y[i][j]][0] == 'E' and len(entity) != 0 and entity
       [-1].split('/')[1][1:] == id2tag[y[i][j]][
14 1:]:
15 entity.append(id2word[x[i][j]] + '/' + id2tag[y[i][j]])
16 entity.append(str(i))
17 entity.append(str(j))
18 res.append(entity)
19 entity = []
20 else:
21 entity = []
22 else:
23 entity = []
24 return res
```

11.4.4 BiLSTM+CRF 模型改进

对于 BiLSTM+CRF 模型，主要需要调整以下几个参数:

(1) 数据预处理时，一维向量的最大维数，这里我们取 60，这个参数可以做适当调整，调整的数值可以参考文本分割后最大字符串长度。

(2) 词嵌入层的深度，这里我们取 100，可以做适当调整，但对结果应该不会有特别大的影响。

(3) 网络迭代轮数，在模型没有过拟合的情况下，可以适当提高模型迭代轮数，当前设置的迭代轮数为 100。

在当前模型设置的参数的基础上，取数据集的 90%作为训练集，剩余 10%作为验证集，验证集 f 值为 0.64。总的来说，对于实体识别任务而言，BiLSTM+CRF 算法是当前比较常用的方法。

对于模型而言，目前有下面几个改进点:

(1) 在模型中增加 CNN 层，通过 CNN 的卷积操作去提取更多的字与字之间的特征。

(2) 当前模型中词嵌入层初始值的设置是随机的，可以利用已经训练好的词嵌入层作为该层的初始值。

(3) 考虑将特定人工提取的规则融入模型中。

(4) 当前模型是以单个字符作为最小分析单元的，可以尝试先对文本进行分词，然后在词的基础上进行分析。

第 12 章　卷积神经网络在人脸识别中的应用

人脸识别是人工智能的一个重要应用方向，目前已经在安防等领域有了非常广泛的应用。本章介绍卷积神经网络的基础知识，以及基于卷积神经网络的人脸识别系统的搭建。

12.1　人脸识别技术的最新发展

人脸识别是基于人的脸部特征进行身份识别的一种技术，其研究最早可以追溯到 20 世纪 60 年代。但是在之后很长一段时间内，因为技术难度挑战比较大而没有得到很好的应用。

近年来，随着深度学习的兴起，卷积神经网络使图像分类有了非常大的改进。人脸识别领域也有了极大的发展，从 2014 年开始，产生了几个非常重要的算法：Facebook 的 DeepFace，Google 的 FaceNet 等，其分别在 LFW 数据集上得到了 97.35% 和 99.63% 的准确率，使得人脸识别技术已经超过了人类识别的准确率，从而使人脸识别技术得到了大规模的应用。

目前，人脸识别技术广泛应用于新零售、安防等领域。比如：在新零售场景下，一个人到店后通过人脸识别技术可以自动识别出这个人是谁，去了哪些货架等信息，使线下的零售也跟线上一样有足够的用户访问数据，从而可以针对性地做一些促销活动；在安防领域，某某的演唱会上抓到在逃人员、智能门禁、智能打卡等都是人脸识别技术的应用。

人脸识别技术一般分为如下两个核心环节：人脸检测——从摄像头采集到的图像中对人脸区域进行检测，对人脸信息进行采集。人脸识别——针对采集到的人脸信息，跟人脸数据库中的数据进行比对，判断采集到的人脸跟数据库中的某个人脸是否是同一个人。

本章基于典型的 MINST 手写数字识别数据集介绍卷积神经网络，然后基于 FaceNet 模型介绍卷积神经网络在人脸识别中的应用。

12.2　基于卷积神经网络的 MINST 手写数字识别

12.2.1　卷积神经网络

一个最基础的卷积神经网络结构包含：输入层、卷积层、池化层、全连接层和

softmax 分类层。下面我们基于典型的 MINST 手写数字识别案例分别介绍各个网络层的概念和具体功能，并基于 Keras 实现一个基础的卷积神经网络对手写数字图像进行分类。

12.2.2 MINST 手写数字识别

MINST 是一个典型的深度学习入门数据集 (图 12.1)，其内容不同人手写的 0~9 数字，每张图片的大小都被处理为 28×28，并且只包含黑白两色。每张图都可以表示成一个 28×28 的矩阵。

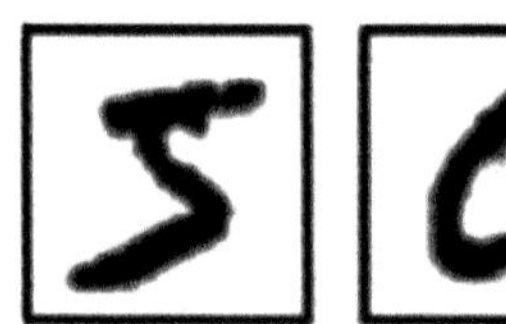   

图 12.1 MINST 数据集

12.2.3 卷积层

卷积的本质是对图像中的特征进行提取的过程，其具体实现如下：

(1) 针对每个输入 x，设其大小为 (n,n)，取大小为 (f,f) 的过滤器 (filter)。在输入 x 上选取大小为 (f,f) 的感受野 (receptive field) 并跟过滤器做卷积运算，运算结果生成中间层的一个值 (图 12.2)。图 12.3 为 MINST 数据集的矩阵表示。

$$\begin{bmatrix} 10 & 10 & 10 & 0 & 0 & 0 \\ 10 & 10 & 10 & 0 & 0 & 0 \\ 10 & 10 & 10 & 0 & 0 & 0 \\ 10 & 10 & 10 & 0 & 0 & 0 \\ 10 & 10 & 10 & 0 & 0 & 0 \\ 10 & 10 & 10 & 0 & 0 & 0 \end{bmatrix} \underset{*}{\text{卷积}} \begin{bmatrix} 1 & 0 & -1 \\ 1 & 0 & -1 \\ 1 & 0 & -1 \end{bmatrix} = \begin{bmatrix} 0 & 30 & 30 & 0 \\ 0 & 30 & 30 & 0 \\ 0 & 30 & 30 & 0 \\ 0 & 30 & 30 & 0 \end{bmatrix}$$

图 12.2 边缘检测：过滤器为 3 × 3 的卷积运算

 $\simeq$ 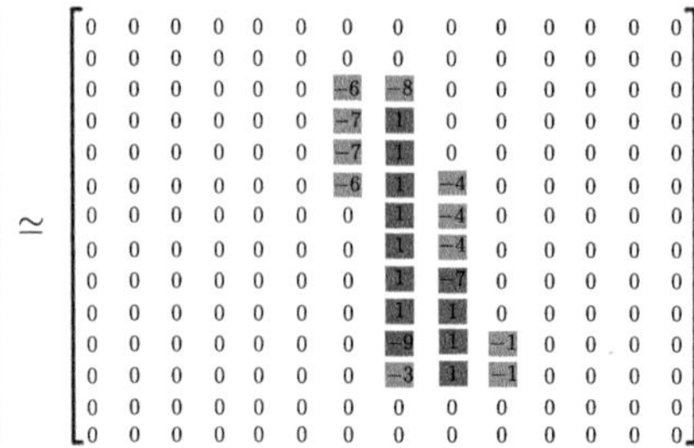

图 12.3 MINST 数据集的矩阵表示

(2) 把感受野按照固定的步长 (stride) 移动后再跟过滤器做卷积生成第二个值。如此遍历完整个输入矩阵，生成大小为 $(n-f+1, n-f+1)$ 的矩阵。

(3) 针对生成的矩阵，增加大小为 b 的偏差 (bias)，并做 RELU 操作，生成新的大小为 $(n-f+1, n-f+1)$ 的矩阵，作为隐藏层的第 1 个维度，其中 RELU 是激活函数 (常见的激活函数有 sigmoid，relu 等)。

(4) 针对多个过滤器做同样的操作，得到隐藏层的其余维度，最终隐藏层的大小为 $(n-f+1, n-f+1, m)$，其中 m 为过滤器的个数。

设输入值为 $x(i)$，过滤器为 $W(i)$，偏差为 $b(i)$，则整个卷积过程用公式可以表达为

$$y_i \propto f(W_i * x_i + b_i) \tag{12.1}$$

其中，f 为激活函数，常见的有 relu，sigmoid，tanh 等。

12.2.4 池化层

池化层是对生成的特征进行压缩的过程：针对卷积层生成的结果，对选定的区域取最大值 (最大池化) 或者平均值 (平均池化)。

如图 12.4 所示为 (2，2) 的最大池化，是把每个 (2，2) 的面积中取最大值作为新隐藏层的一个点。

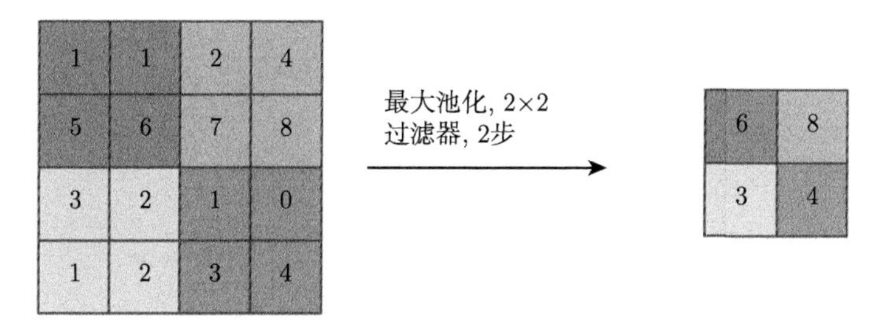

图 12.4 最大池化 (后附彩图)

12.2.5 全连接层

全连接层就是传统的神经网络结构，每一个节点都跟上一层的所有节点相连。在卷积神经网络中，全连接层一般是参数最多的层，其本质是对前面卷积层生成的特征进行组合并设定不同的参数 (权重)。

12.2.6 代码：MINST 手写数字识别的 Keras 实现

MINST 数据集相对比较简单，我们设计一种简单的神经网络结构来对手写数字进行识别，包含两个卷积层、两个池化层、一个全连接层和 softmax 分类 (图 12.5)。

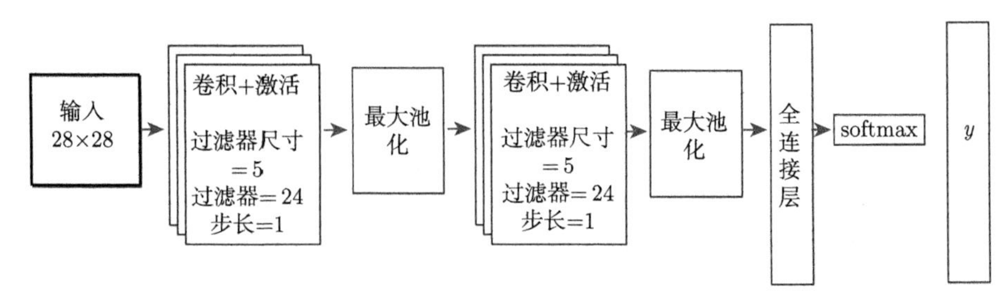

图 12.5　MINST 手写数字识别网络

12.2.7　数据预处理

为了方便学习，Keras 已经引入了 MINST 数据集，我们直接进行引入就可以使用。

首先引入数据：

```
from keras.datasets import mnist
(x_train, y_train),(x_test, y_test) = mnist.load_data()

```

引入数据后对数据的格式进行调整，把每个输入 x 的格式重新调整为 (28, 28, 1)。其中 28×28 为图片尺寸，1 代表图片分层只有一层。在正常的图片分类应用中，图片会带有颜色，通常会分为 R、G、B 三层。在本例中，因为是灰度图片，只分为一层就可以了。

```
x_train = x_train.reshape(x_train.shape[0], 28, 28, 1)
x_test = x_test.reshape(x_test.shape[0], 28, 28, 1)
```

对数值做标准化，使每个值介于 0 到 1 之间。

```
x_train = x_train.astype('float32')
x_test = x_test.astype('float32')

x_train /= 255
x_test /= 255
```

预测值 y 转换为 one-hot 编码，把问题转变为 1-0 分类问题。

```
from keras.utils import np_utils
y_train = np_utils.to_categorical(y_train, 10)
y_test = np_utils.to_categorical(y_test, 10 )
```

12.2.8 模型定义

在本例中，我们采用最简单的卷积网络结构，由卷积–池化–卷积–池化–全连接–softmax 组成。

首先定义模型为序列模型，并添加第一层卷积层，设置过滤器数量是 16，过滤器大小为 (5, 5)，激活函数采用 relu，padding = “same” 表示卷积前后输入和输出的大小保持一致。

备注：过滤器的数量和大小等相关参数都可以调整以获取不同的训练效果。

```
from keras.models import Sequential
from keras.layers import Dense,Dropout,Flatten,Conv2D,
    MaxPooling2D

model=Sequential()
model.add(Conv2D(filters=16,kernel_size=(5,5),padding="same",
    input_shape=(28,28,1),activation="relu"))
```

添加池化层，采用最大化池化。

```
model.add(MaxPooling2D(pool_size=(2*1)))
```

增加卷积层。

```
model.add(Conv2D(filters=36,kernel_size=(5,5),padding="same",
    activation="relu"))
```

添加池化层。

```
model.add(MaxPooling2D(pool_size=(2*1)))
```

平直层，把上一层的结果展平为一维数组。

```
model.add(Flatten())
```

全连接层。

```
model.add(Dense(128,activation="relu"))
```

增加全连接层，激活函数采用 softmax 分类，输出为 1-0 分类。

```
model.add(Dense(10,activation="softmax"))
```

至此，模型的网络结构定义就完成了，在实际应用中可以尝试不同的网络结构并观察对训练效果的影响。

12.2.9　模型训练

在模型训练之前，我们需要对模型进行编译。在编译过程中，需要指定优化器、损失函数和指标列表。其中常用的优化器有 sgd、adam 等，损失函数有 mean square error、categorical crossentropy 等。

```
1 model.compile(optimizer="adam", loss="categorical_crossentropy",
      metrics=['accuracy'])
2 model.fit(x_train, y_train, batch_size=100, epochs=10, verbose
      =1)
```

12.2.10　效果评估

基于验证数据集对模型效果评估 (本例直接用测试数据集)，返回结果为 loss 和编译时制定的指标 (本例为准确率)。可以看到在测试集中 loss 小于 0.1，准确率在 99% 以上。

```
1 scores = model.evaluate(x_test, y_test)
2 scores
```

12.2.11　模型预测

基于训练好的模型进行预测，我们取测试集进行预测，并把结果放入 y-predict。

```
1 y_predict = model.predict(x_test)
```

12.2.12　总结

以上就是一个最基础的卷积神经网络，其核心特点在于通过卷积层自动提取特征，从而避免了传统机器学习过程中提取特征的过程。当然，在复杂的卷积神经网络中，仍然存在调整参数的环节，不同的参数 (初始值、过滤器大小和数量等) 都会对模型结果有非常大的影响。有很多论文研究了不同参数下神经网络的效果，大家可以参阅 Zhang Y, Wallace B C. A Sensitivity Analysis of (and Practitioners′ Guide to) Convolutional Neural Networks for Sentence Classification, arXiv1510. 03820。

值得说明的是，目前卷积神经网络仍然是不可解释的，也就是说卷积神经网络对我们来说仍然是一个黑盒。我们有一些最佳实践，但是对这些最佳实践为什么最佳仍然是一个非常大的研究课题。在一些对卷积神经网络的可视化研究中，可以看到随着层数的加深，卷积神经网络提取的特征越来越高级[41,42]。图 12.6 和图 12.7 为卷积神经网络可视化。

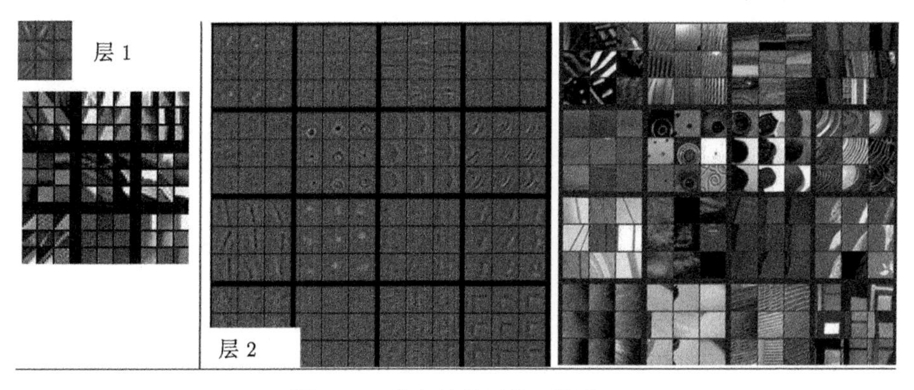

图 12.6 卷积神经网络可视化 1

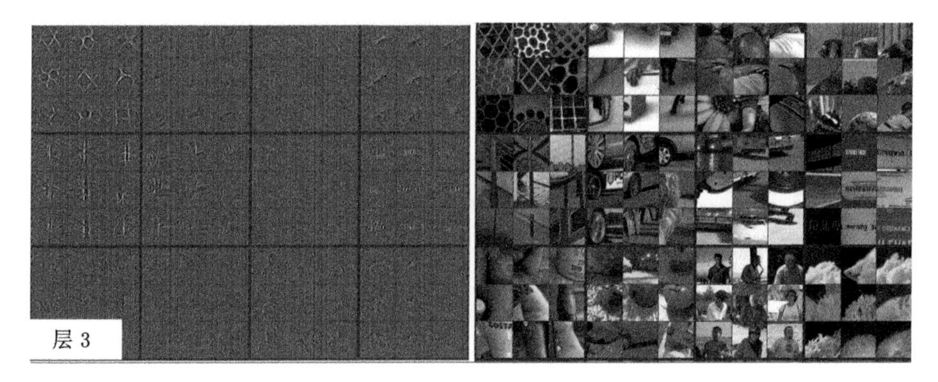

图 12.7 卷积神经网络可视化 2

12.3 通过 FaceNet 网络结构实现人脸识别

卷积神经网络有很多种结构，由最初的 Lenet、AlexNet，到 VGG-16、R-CNN、Fast-R-CNN 等。每种结构都极大地增强了在实际应用中的效果。在人脸识别领域，其中一种结构是 FaceNet。FaceNet 是谷歌在 2015 年提出来的神经网络结构，通过巧妙设计的一种三元损失函数，充分利用了卷积层生成的图像特征，极大地提升了人脸识别的精度，在 LFW 数据集上达到了 99.63%的准确率 (详见 FaceNet: A Unified Embedding for Face Recognition and Clustering)。

12.3.1 FaceNet 网络结构

FaceNet 的网络结构如图 12.8 所示，其本质是对输入的图片通过卷积层进行特征提取后，针对提取到的特征，把正常的全连接层 +softmax 的分类结构替换为

三元损失函数 (triplet-loss) 结构后进行训练。

图 12.8　FaceNet 网络结构

三元损失函数的每组输入是由 3 个图片组成的: 基础图片，正向图片 (相似)，负向图片 (不同)。其目的是寻找一个函数使基础图片和正向图片的距离小于基础图片和负向图片的距离。图 12.9 为 FacetNet 网络结构之三元损失函数。

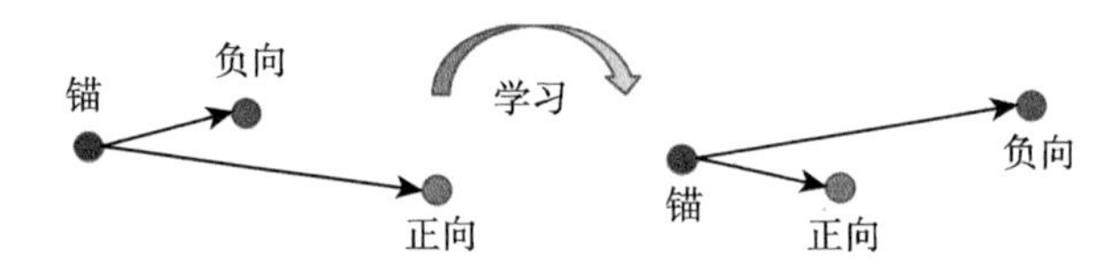

图 12.9　FacetNet 网络结构之三元损失函数

基于这个损失函数训练出来的参数就能做到任何两张相似人脸之间的距离小于不同人脸之间的距离，从而做到人脸识别。在本节中，我们采用训练好的 FaceNet 模型来判断任意两种人脸是否相似。

12.3.2　人脸识别的案例介绍

在本例中，人脸识别的任务包含以下部分：

(1) 人脸提取：在特定的图片中提取人脸，一般来自于摄像头拍摄的视频截图。

(2) 人脸比对：取 (1) 中提取到的人脸，跟人脸库中的图片进行比对，如果距离小于某一个值，则认为是同一个人；否则继续跟人脸库中的下一张图片进行比对，直到结束。如果比对结束仍然没找到相似人脸，则设为陌生人。

在本例中，我们基于预训练好的 FaceNet 网络，计算两张人脸之间的距离。

12.3.3　案例准备

在运行案例前，做如下准备：

(1) 下载训练好的 FaceNet 模型① 并放在 model 目录下；

(2) 取两张人脸照，其一为人脸库照片，另外一个作为待比对的人脸，比如 bill1.jpg 和 bill2.jpg。

12.3.4　人脸检测

人脸检测环节，我们使用 opencv 的人脸检测功能进行实现。具体如下。

①模型下载网址：https://github.com/nyoki-mtl/keras-facenet。

首先引入所有用到的包:

```
from keras.models import load_model
import numpy as np
import os
import matplotlib.pyplot as plt
import cv2
from skimage.transform import resize
from scipy.spatial import distance
```

本例中使用了 opencv 自带的人脸检测模型对人脸进行识别,模型文件 haarcascade frontalface alt2.xml 位于 opencv 包的安装目录。(python3.6/site-packages/cv2/data/),请把文件复制出来并置于 model 目录下,然后加载模型。

```
cascade = cv2.CascadeClassifier('./
    model/haarcascade_frontalface_alt2.xml')
```

读取图片并对图片中的人脸进行检测,检测出人脸区域后对人脸区域进行截取并打印查看。本例默认每个图片中有且只有一个人脸,在实际应用中请做一些判断避免各种意外情况,如无人、多人等。

```
img = plt.imread('/Users/marksun/model/musk.jpg')
faces = cascade.detectMultiScale(img, scaleFactor=1.1,
    minNeighbors=3)

(x, y, w, h) = faces[0]
img_face = img[y:y+h, x:x+w, :]
plt.imshow(img_face)
plt.show()

face = resize(img_face, (160,160), mode='reflect')
```

以上代码完成了图片中人脸检测的动作,我们用一个函数封装如下,函数的入参为图片的地址,输出为检测出的第一个人脸部分。并对输出的图片尺寸进行转换以符合模型的输入格式。

```
def getFace(path):
cascade = cv2.CascadeClassifier('/Users/marksun/model/haarcascade_
    frontalface_alt2.xml')
```

```
3  img = plt.imread(path)
4  faces = cascade.detectMultiScale(img, scaleFactor=1.1,
       minNeighbors=3)
5  (x, y, w, h) = faces[0]
6  img_face = img[y:y+h, x:x+w, :]
7  img_face = resize(img_face, (160,160), mode='reflect')
8  return img_face
```

12.3.5　人脸识别

在人脸识别环节，我们对检测出的人脸进行两两比对 (人脸库的人脸和待检测的人脸)，如果人脸的数字化表征值之间的距离小于某个值则认为是同一个人，否则是不同的人。

首先加载预先训练好的人脸识别模型，通过这个模型可以计算一个人脸的数字化表征：

```
1  faconet = load_model('./model/facenet_keras.h5')
```

把人脸检测环节获取的人脸截图作为输入进行预测，预测结果为人脸的数字化表征：

```
1  faceA = getFace('./model/bill1.jpg')
2  faceB = getFace('/./model/bill2.jpg')
3
4  faces = []
5  faces.append(faceA)
6  faces.append(faceB)
7  faces = np.array(faces)
8
9  embs = facenet.predict(faces)
```

对计算出的数值化特征做归一化之后计算欧氏距离，如果大于某一个值，比如 1，则认为是不同的人，否则认为是同一个人。

```
1  def l2_normalize(x, axis=-1, epsilon=1e-10):
2  output = x / np.sqrt(np.maximum(np.sum(np.square(x), axis=axis
       , keepdims=True), epsilon))
3  return output
4
```

```
embs_l2 = l2_normalize(embs)
dist = distance.euclidean(embs_l2[0],embs_l2[1])
dist
```

以上就是人脸检测和人脸识别的功能实现，读者可以基于这段核心代码扩充一些功能后做一个人脸识别系统。比如准备班级同学的人脸库，然后从进教室的摄像头数据中截取图片后做人脸检测和人脸识别，这样就可以判断有多少同学来上课了，使之成为一个简单的自动点名系统。

12.4 卷积神经网络总结和延伸应用

作为当前最流行的神经网络之一，卷积神经网络在很多研究领域取得了非常大的成功，在诸如图像分类、目标检测、图像分割、人脸识别等方面取得了远超传统算法的效果。在很多复杂场景下，基于目前公开的训练模型都已经可以得到非常不错的识别结果，结合实际场景做一些简单的训练更可以满足大部分场景的需求。目前应用比较广阔的场景有自动驾驶、智能安防、智能门禁 (人脸和车牌识别) 等，以及某些特定场景下的应用，比如图片或者视频鉴黄、视频动作识别、图像理解等。随着研究的进一步深入，卷积神经网络必然会在各个行业得到非常大的应用，从而给社会带来非常大的改变。就以人脸识别为例，想象走到家门前，门自动打开，走到车前，车门自动打开等这些非常细微但是很有用的场景。大家对这样的智能化生活是不是有所期待呢？希望本书能够带大家走向这个智能化的未来。

参 考 文 献

[1] 李航. 统计学习方法 [M]. 北京: 清华大学出版社，2012.

[2] 周志华. 机器学习 [M]. 北京: 清华大学出版社, 2016.

[3] Murphy K P. Machine learning : A probabilistic perspective[J]. Chance, 2012, 27(2): 62, 63.

[4] 孙亮，黄倩. 实用机器学习 [M]. 北京: 人民邮电出版社，2012.

[5] Quinlan J R. Simplifying decision trees[J]. International Journal of Man-Machine Studies, 1987, 27(3): 221-234.

[6] Blume M E. Soft dollars and the brokerage industry[J]. Financial Analysts Journal, 1993, 49(2): 36-44.

[7] Huang J. The customer knows best: The investment value of consumer opinions [J]. Journal of Financial Economics, 2018, 128: S0304405X18300266.

[8] https://blog.csdn.net/hzw19920329/article/details/77200475.

[9] Michael D. High-frequency trading: A practical guide to algorithmic strategies and trading systems[M]. April, 2013, 27(8): 2267-2306.

[10] 高杰英. 高频交易理论研究述评 [J]. 金融理论与实践, 2013, (11): 91-95.

[11] Svetnik V, Liaw A, Tong C, et al. Random forest: A classification and regression tool for compound classification and QSAR modeling[J]. Journal of Chemical Information & Computer Sciences, 2003, 43(6): 1947.

[12] Pal M. Random forest classifier for remote sensing classification[J]. International Journal of Remote Sensing, 2005, 26(1): 217-222.

[13] Ham J, Chen Y, Crawford M M, et al. Investigation of the random forest framework for classification of hyperspectral data[J]. IEEE Transactions on Geoscience & Remote Sensing, 2005, 43(3): 492-501.

[14] 蓝海平. 高频交易的技术特征、发展趋势及挑战 [J]. 证券市场导报, 2014, (4): 59-64.

[15] Gomber P, Arndt B, Lutat M, et al. High-frequency trading[J]. Social Science Electronic Publishing, 2013, (5): 33.

[16] Jones C M. What do we know about high-frequency trading?[J]. Social Science Electronic Publishing, 2013, 13(11): 22.

[17] de Prado M M L. Advances in High Frequency Strategies[M]. Complutense University, 2011.

[18] Baron M D, Brogaard J, Kirilenko A A. The trading profits of high frequency traders[J]. Ssrn Electronic Journal, 2012.

[19] 李平, 曾勇, 唐小我. 市场微观结构理论综述 [J]. 管理科学学报, 2003, 6(5): 87-98.

[20] Chen T, Guestrin C . XGBoost: A scalable tree boosting system[J]//Proceedings of the 22nd ACM SIGKDD International Coference on Knowledge Discovery and Data Mining. ACM, 2016.

[21] https://en.wikipedia.org/wiki/Gradient_boosting.

[22] Kégl B. The return of AdaBoost. MH: multi-class Hamming trees[J]. 2013 arXiv: 1312. 6086 v1.

[23] 张浩然, 韩正之, 李昌刚. 支持向量机 [J]. 计算机科学, 2002, (12):135-137.

[24] Cristianini N , Shawe-Taylo J . 支持向量机导论 [M]. 李国正等, 译. 北京: 电子工业出版社, 2004.

[25] 张学工. 关于统计学习理论与支持向量机 [J]. 自动化学报, 2000, 26(1): 65.

[26] David R. The elements of statistical learning: Data mining, inference, and prediction[J]. Journal of the American Statistical Association, 2004, 99(466): 567.

[27] Jones G L . Computational statistics by Geof H. Givens; Jennifer A. Hoeting[J]. Technometrics, 2006, (2): 309-310.

[28] Narang M, Cassano D. Tradeworx, Inc. public commentary on SEC market structure concept release[J]. Tradeworx Com, 2010, (21): 35.

[29] Vapnik V N . 统计学习理论 [M]. 许建华, 张学工译. 北京: 电子工业出版社, 2004.

[30] 王振振，何明，杜永萍. 基于 LDA 主题模型的文本相似度计算 [J]. 计算科学, 2013, 40(12): 229-232.

[31] 石晶，范猛，李万龙. 基于 LDA 模型的主题分析 [J]. 自动化报，2009，36：1586-1593.

[32] 刘振鹿，王大玲，冯时, 等. 一种基于 LDA 的潜在语义区划分及 web 文档聚类算法 [J]. 中文信息学报，2011，25(1)：60-67.

[33] Blei D, Ng A, Jordan M. Latent Dirichlet allocation[J]. Journal of Machine Learning Research, 2003, 3: 993.

[34] 王和勇，蓝金炯. 面向海量高维数据的文本主题发现 [J]. 情报杂志, 2015, 34(11): 162-167.

[35] Huang Z, Xu W, Yu K. Bidirectional LSTM-CRF models for sequence tagging[J]. arXiv: 1508. 01991, 2015.

[36] 董冰峰. Bi-LSTM+CRF在文本序列标注中的应用. https://blog.csdn.net/u010159842/article/details/82222527, [2018-01-12].

[37] 加勒比海鲜. TensorFlow 教程——Bi-LSTM+CRF 进行序列标注 (代码浅析). https://blog.csdn.net/guolindonggld/article/details/79044574, [2018-08-30].

[38] rockingdingo. Tensorflow 进行 POS 词性标注 NER 实体识别-构建 LSTM 网络进行序列化标注. https://blog.csdn.net/rockingdingo/article/details/55653279 [2018-02-18].

[39] nightwish 夜愿. BiLSTM+CNN+CRF 实现命名体识别. https://www.jianshu.com/p/09af2dc2b65d [2018-03-29].

[40] 哈工大 SCIR. BiLSTM 介绍及代码实现. https://www.jiqizhixin.com/articles/2018-10-24-13 [2018-10-24].

[41] Schroff F , Kalenichenko D , Philbin J. FaceNet: A unified embedding for face recognition and clustering[J]. 2015 IEEE Conference on Computer Vision and Pattern Recognition (CVPR), 2015: 815-823.

[42] Zeiler M D, Fergus R. Visualizing and understanding convolutional networks[C]. Fleet D, Pajdla T, Schiele B, et al. Computer Vision-ECCV 2014. New York: Springer, 2014.

彩　　图

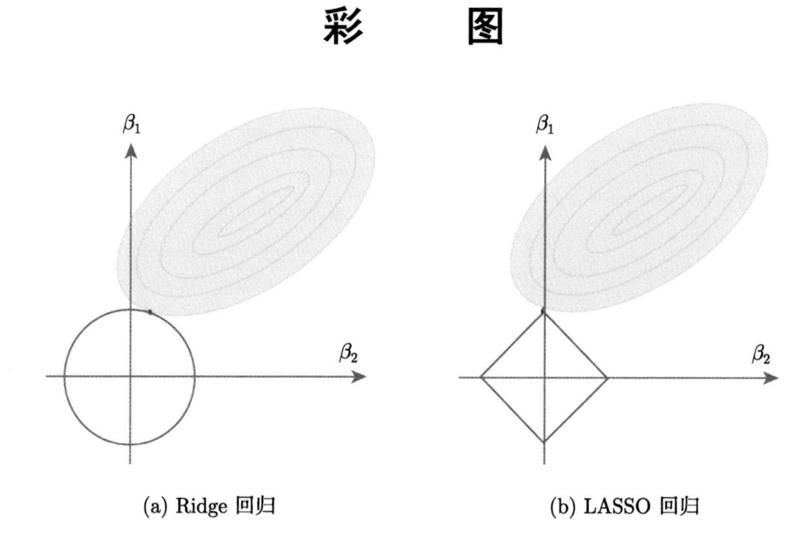

图 3.2　Ridge 回归与 LASSO 回归对比

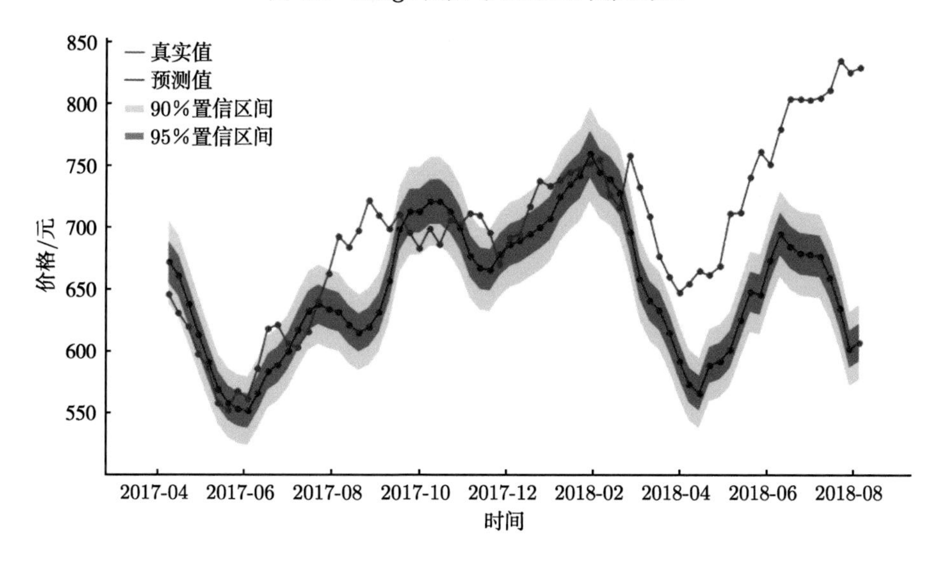

图 3.4　LASSO 模型优化前预测效果图

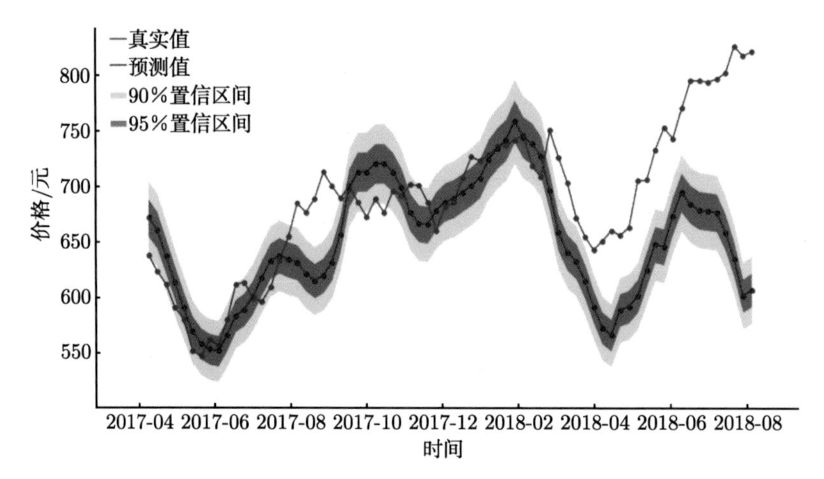

图 3.5 LASSO 参数优化后预测效果图

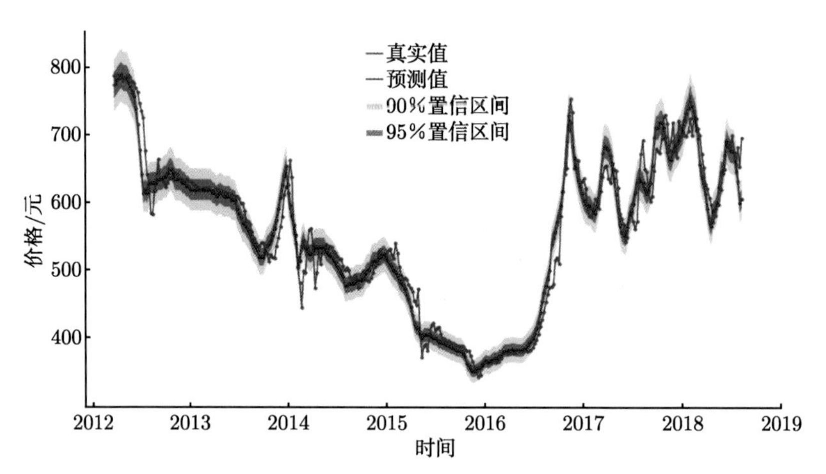

图 3.7 LASSO 滚动模型的预测效果图

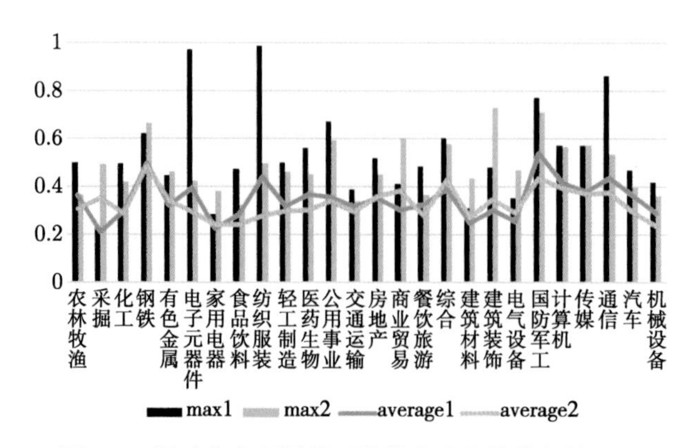

图 4.5 测试集上预测错误的样本分位数排名的对比

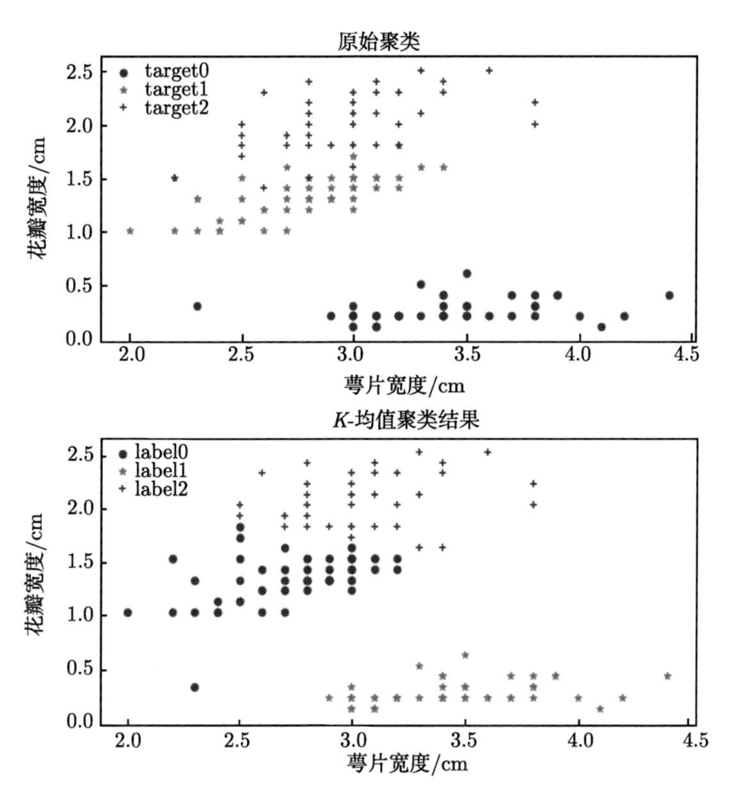

图 6.2　鸢尾属植物数据集真实分类与 K-均值聚类结果

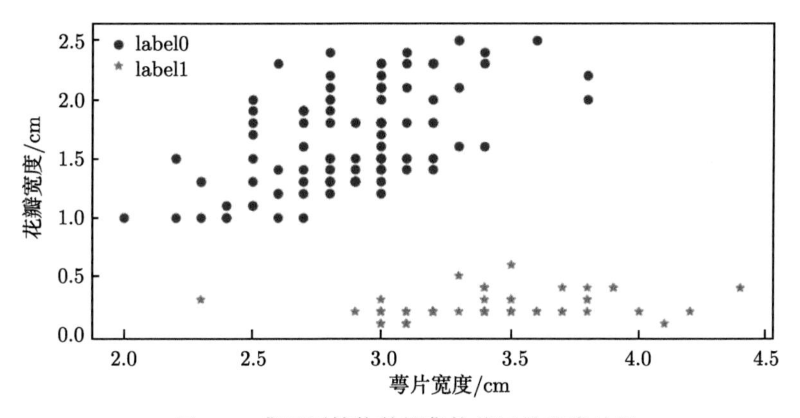

图 6.3　鸢尾属植物数据集均值迁移聚类结果

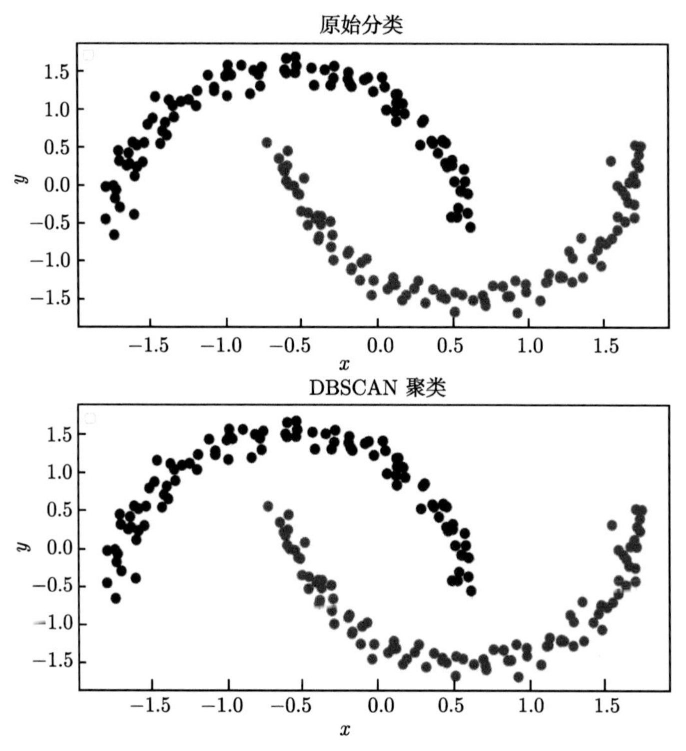

图 6.4 月牙形数据集原始分类与 DBSCAN 聚类结果

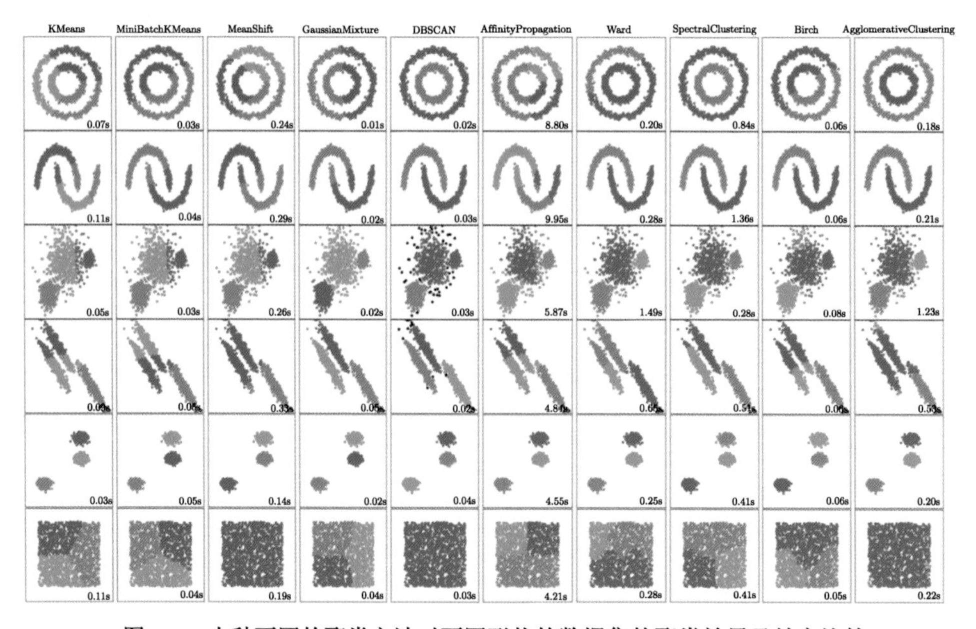

图 6.5 十种不同的聚类方法对不同形状的数据集的聚类效果及效率比较

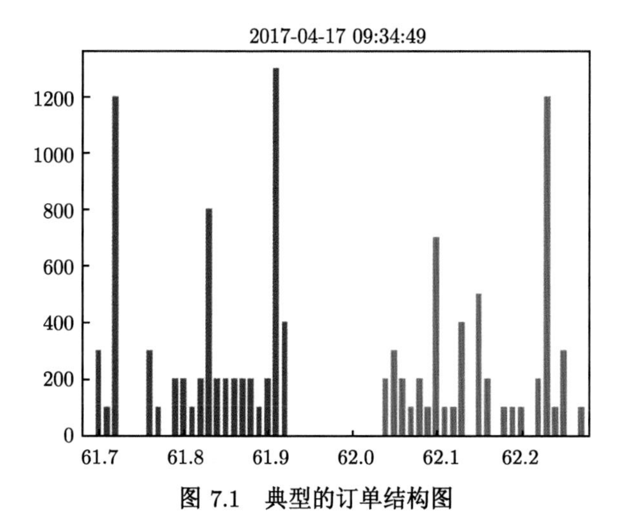

图 7.1　典型的订单结构图

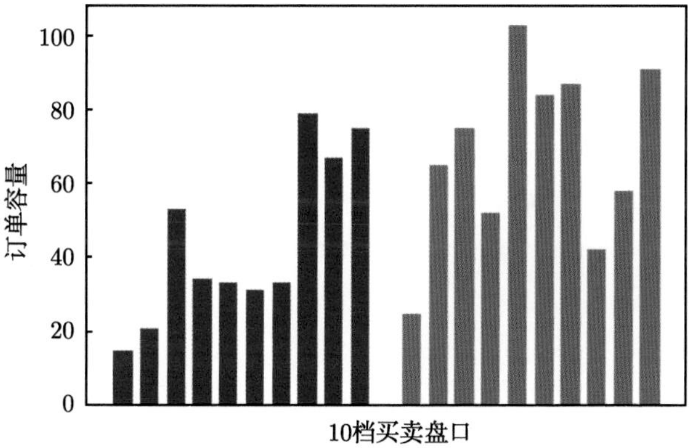

图 7.5　铜期货 21:31:00 时的订单结构图

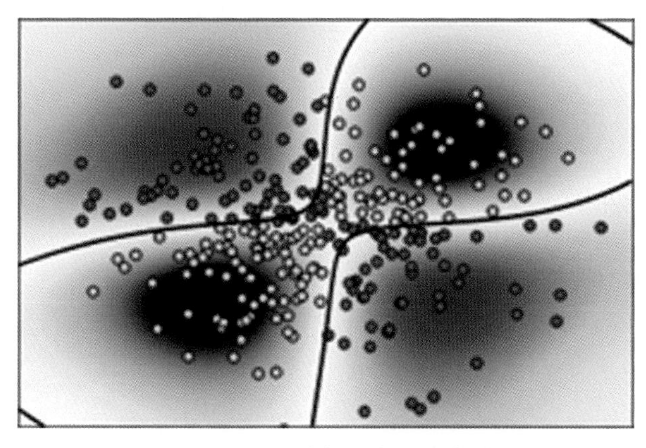

图 9.5　SVM: 非线性分类器分类结果 1

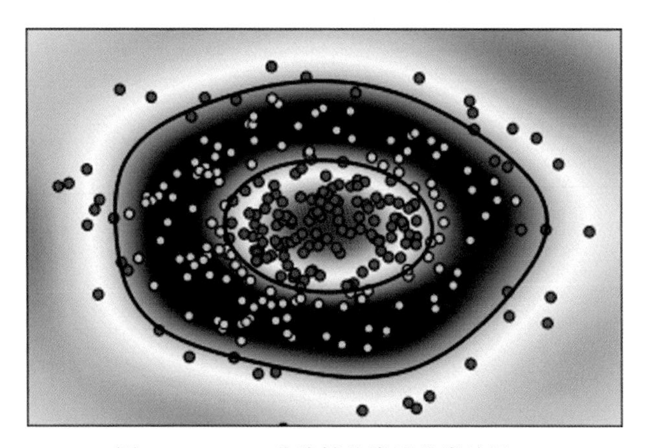

图 9.6　SVM: 非线性分类器分类结果 2

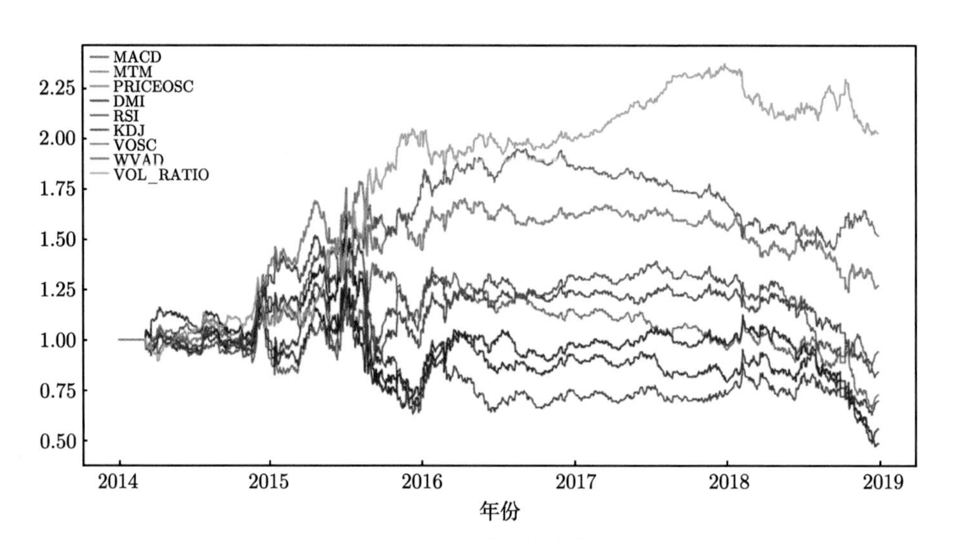

图 9.8　SVM: 对照组–单一技术指标择时结果

1	1	2	4
5	6	7	8
3	2	1	0
1	2	3	4

最大池化, 2×2
过滤器, 2步
→

6	8
3	4

图 12.4　最大池化